乡村人才振兴培训系列教材

绿色种养循环农业技术模式

LÜSE ZHONG YANG XUNHUAN NONGYE
JISHU MOSHI

张成明　李洪辉　刘　畅　主编

中国农业科学技术出版社

图书在版编目(CIP)数据

绿色种养循环农业技术模式 / 张成明，李洪辉，刘畅
主编 . --北京：中国农业科学技术出版社，2022.9（2023.10 重印）
ISBN 978-7-5116-5881-4

Ⅰ.①绿… Ⅱ.①张…②李…③刘… Ⅲ.①生态农
业-农业技术 Ⅳ.①S-0

中国版本图书馆 CIP 数据核字(2022)第 154037 号

责任编辑　申　艳
责任校对　马广洋
责任印制　姜义伟　王思文

出 版 者　中国农业科学技术出版社
　　　　　北京市中关村南大街 12 号　　邮编：100081
电　　话　(010) 82106636 (编辑室)　　(010) 82109702 (发行部)
　　　　　(010) 82109709 (读者服务部)
网　　址　http://www.castp.cn
经 销 者　各地新华书店
印 刷 者　中煤（北京）印务有限公司
开　　本　140 mm×203 mm　1/32
印　　张　5.625
字　　数　150 千字
版　　次　2022 年 9 月第 1 版　2023 年 10 月第 4 次印刷
定　　价　26.00 元

◄◄◄ 版权所有·翻印必究 ►►►

编委会

《绿色种养循环农业技术模式》

主　编	张成明	李洪辉	刘　畅
副主编	侯万彬	解玲玲	李亚伟
	朱建民	郭　彬	陈香正
编　委	唐保华	李应民	海志国
	方志玉	张娜娜	赵明远
	胡小强	彭　莉	汪艳华
	陈敬亮	徐青蓉	于占军
	张　军	杜美芹	郭麦芳

　　绿色种养循环农业是种植业与养殖业紧密衔接的生态农业模式，是将畜禽养殖产生的粪污作为种植业的肥源，种植业为养殖业提供饲料，并消纳养殖业废弃物，使物质和能量在动植物之间进行转换的循环式农业。加快推动绿色种养循环农业发展，是提高农业资源利用效率、保护农业生态环境、促进农业绿色发展的重要举措。

　　绿色种养循环农业注重资源保护和合理利用，全国不同地区在注重借鉴传统农业精髓的同时，积极运用先进的科学技术和管理手段，通过对农业生态经济体系有针对性的技术设计、管理和实施，创造出很多绿色种养循环农业模式。

　　本书结合我国绿色种养循环农业发展现状，借鉴各地对绿色种养循环农业技术的实践经验编写而成。本书对绿色种养循环农业的概念、理论和发展情况进行了简单介绍，对间套作栽培、生态循环养殖、林下绿色种养、农渔结合种养、废弃物资源化利用模式进行了详细介绍，每种模式后配有典型实例。本书内容新颖，层次清晰，语言通俗，重点突出，对当前绿色种养循环农业的发展具有先进性、指导性和实用性作用。

　　由于时间仓促，编者水平有限，书中难免存在不足之处，欢迎广大读者批评指正。

编　者
2022 年 6 月

第一章 绿色种养循环农业概述

第一节 绿色种养循环农业的概念和意义

一、绿色种养循环农业的概念

绿色种养循环农业是指种植业和养殖业紧密衔接的生态农业模式，其运用生态学和经济学原理以及系统工程方法，因地制宜地利用现代科学技术并与传统农业精华相结合，依据"整体、协调、结合、再生"的要求，组织种养加产业，实现高产、优质、高效与可持续发展，最终达到经济、生态、社会三大效益的统一。

二、绿色种养循环农业的意义

（一）转变农业发展方式的需要

近年来，党中央、国务院着眼全局，始终把"三农"工作作为全党和全部工作的重中之重，出台了一系列强农惠农富农政策。粮食产量不断增加、农民收入大幅度提高，农业农村经济取得了巨大成绩，为经济社会发展提供了有力支撑。但是，随着经济发展进入新常态，农业发展的内外部环境正发生深刻变化，生态环境和资源条件的"紧箍咒"越来越紧，农业农村环境治理的要求也越来越迫切。面对新形势，需要加快转变农业发展方式，由过去主要拼资源、拼消耗转到资源节约、环境友好的可持续发展道路上来。发展绿色种养循环农业，以资源环境承载力为基准，进一步优化种植业、养殖业结构，开展规模化种养加一体化建设，逐步搭建农业内部循环链条，促进农业资源环境的合理开发与有效保护，不断提高土地产出率、资源利用率和劳动生产率，是既保粮食满仓又保绿水青山、促进农业绿色发展的有效途径。

（二）促进农业循环经济发展的需要

种养业生产废弃物也是物质和能量的载体，可以作为肥料、饲料、燃料以及其他工业化利用的重要原料。其中，秸秆含有丰富的有机质、纤维素、粗蛋白质、粗脂肪和氮、磷、钾、钙、镁、硫等各种营养成分，可广泛应用于饲料、燃料、肥料、造纸、建材等各个领域。1 t 干秸秆的养分含量相当于 50~60 kg 化肥，饲料化利用可以替代 0.25 t 粮食，能源化利用可以替代 0.5 t 标煤。畜禽粪便含有农作物所必需的氮、磷、钾等多种营养成分，施于农田有助于改良土壤结构，提高土壤的有机质含量，提升耕地地力，减少化肥施用。1 t 粪便的养分含量相当于 20~30 kg 化肥，可生产 60~80 m^3 沼气。我国秸秆年产生量超过 9 t，畜禽养殖年产生粪污38 亿 t，资源利用潜力巨大。发展种养结合循环农业，按照"减量化、再利用、资源化"的循环经济理念，推动农业生产由"资源–产品–废弃物"的线性经济向"资源–产品–再生资源–产品"的循环经济转变，可有效提升农业资源利用效率，促进农业循环经济发展。

（三）提高农业竞争力的需要

我国几千年的农业发展历程中，很早就出现了"相继以生成，相资以利用"等朴素的生态循环发展理念，形成了种养结合、精耕细作、用地养地等与自然和谐相处的农业发展模式。当前，我国农业生产力水平虽然有了很大提高，但农业发展数量与质量、总量与结构、成本与效益、生产与环境等方面的问题依然比较突出。根据资源承载力和种养业废弃物消纳半径，合理布局养殖场，配套建设饲草基地和粪污处理设施，引导农民以市场为导向，加快构建粮经饲统筹、种养加一体、农牧渔结合的现代农业结构，带动绿色食品、有机农产品和地理标志农产品稳步发展，有利于进一步提升农业全产业链附加值，促进一二三产业融合发展，提高农业综合竞争力。

（四）治理农业生态环境的需要

随着农业集约化程度的提高和养殖业的快速发展，过量和不合理使用化肥、农药以及畜禽粪便直接排放造成污染的问题越来越突出。在粮食与畜牧业生产重点地区，优化调整种养比例，改善农业资源利用方式，促进种养业废弃物变废为宝，是减少农业面源污染、改善农村人居环境、建设美丽乡村的关键措施。

第二节　绿色种养循环农业的发展

一、绿色种养循环农业试点的提出

2021 年 5 月，农业农村部办公厅、财政部办公厅发布了《关于开展绿色种养循环农业试点工作的通知》（以下简称《通知》）。《通知》指出了绿色种养循环农业总体要求和目标，具体如下。

以习近平新时代中国特色社会主义思想为指导，坚定不移贯彻新发展理念，围绕全面推进乡村振兴，加快推动农业绿色低碳发展，助力 2030 年碳达峰、2060 年碳中和，坚持系统观念，促进绿色种养、循环农业发展，以推进粪肥就地就近还田利用为重点，以培育粪肥还田服务组织为抓手，通过财政补助奖励支持，建机制、创模式、拓市场、畅循环，力争通过 5 年试点，扶持一批粪肥还田利用专业化服务主体，形成可复制可推广的种养结合、养殖场户、服务组织和种植主体紧密衔接的绿色循环农业发展模式。

自 2021 年开始，在畜牧大省、粮食和蔬菜主产区、生态保护重点区域，选择基础条件好、地方政府积极性高的县（市、区），整县开展粪肥就地消纳、就近还田补奖试点，扶持一批企业、专业化服务组织等市场主体提供粪肥收集、处理、施用服务，以县为单位构建 1~2 种粪肥还田组织运行模式，带动县域内粪污基本还田，推动化肥减量化，促进耕地质量提升和农业绿色发展。通过 5 年的试点，形成发展绿色种养循环农业的技术模式、组织方式和补贴方式，为大面积推广应用提供经验。

二、绿色种养循环农业的探索

种养循环发展离不开企业在生产过程中的不断探索与实践。

温氏食品集团股份有限公司长期坚持畜禽粪污减排增效、种养循环、绿色低碳等核心技术攻关。集团的"畜禽粪便污染监测核算和减排增效关键技术研发与应用""有机固体废弃物资源化与能源化综合利用系列技术及应用"均获国家科学技术进步奖二等奖，目前已在不同地区推广"猪-沼-粮"模式、"猪-肥、水-粮"模式和"猪-沼-菜"模式。

北大荒农垦集团有限公司充分利用其在规模化粮食生产的基础上，以粪肥全程机械化秋季均施还田技术模式为主导，通过科学制订还田方案，采取固体粪便条垛堆肥、接种微生物菌剂、全程检验监测、全程机械均施还田、深松深翻秋整地等技术措施，大力推进绿色种养循环农业。

近年来，广东在种养循环方面做了大量探索，启动实施了亚洲最大、国内首个世界银行贷款农业面源污染治理项目，化肥、农药使用量连续 5 年实现负增长，畜禽粪污综合利用率达88.4%，秸秆综合利用率91.1%，有效改变了农业过度依赖资源消耗的发展模式。同时，广东扎实推进绿色种养循环农业试点，13 个项目县、194 个实施主体积极参与，推动绿色种养循环技术产业化，将"粪污"变成"粪肥"。

三、绿色种养循环农业的发展对策

目前，农业面源污染治理处在治存量、遏增量的关口，任务艰巨。具体到种养循环，可持续发展面临诸多挑战，包括小农户种植与规模化养殖脱节，粪便还田利用率低、污染重等问题。种养循环存在粪污就近消纳土地不足、粪污生物处理机理不清晰、缺乏粪污处理专业化服务主体、有机肥还田难度大等共性问题。种养系统间物质循环利用率低，农业资源循环难以有效开展，究其原因在于种养循环绿色技术没有实现产业化。

因此，要总结好种养循环绿色技术的成果、模式和机制，搭建好政产学研用平台，建立健全种养循环绿色技术标准体系，加快绿色技术创新转化，推动种养循环绿色技术产业化发展。种养循环技术产业化，创新体制机制是关键。要搭建好服务平台，推动政产学研用融合发展，可以打破各行业主体之间的沟通障碍，加快粪污收集、处理、利用及秸秆饲料化利用智能装备，智慧农业协同发展，将共同推进种养循环科研成果落地、转化，形成"1+N"远大于"N"的新机制，激发市场生机和活力。

未来一段时期将持续深入推进畜禽粪污资源化利用，努力构建种养结合、农牧循环的新型种养关系，确保 2025 年全国畜禽粪污综合利用率达到80%以上，促进农业绿色低碳循环发展。

第二章

间套作栽培模式

第一节 间套作的概念和作用

一、间套作的概念

(一) 间作和套作的概念

间作和套作,虽然都是使用同一块地按照一定的行距、株距和占地大小比例进行多样化种植,但两者却是两种不同的种植方法。

1. 间作

间作是指在同一时间内,根据一定的行数比例在地中间隔种植两种及以上的不同作物种类,间作的不同作物共同生长期较长,一般占整个生育期的一半以上。

2. 套作

套作是指前种作物生长后期的逐行间再次种植一种新作物的种植方法,套作的作物共同生长的生育期很短,一般不超过整个生育期的一半。

(二) 其他相关概念

1. 单作

单作是指在同一块土地上 (田、土) 种植一种作物的种植方式。

2. 混作

混作是指在同一块田地上，同时无规则地混合种植生育期相近的两种或多种作物的种植方式。

3. 轮作

轮作是指同一块田地上，在一定年限内依照一定的顺序轮换种植几种不同种类作物的种植方式。例如，花生-晚稻-蔬菜-春玉米-晚稻-绿肥。

4. 连作

连作就是在同一块田地上连年种植相同作物或相同的复种方式。

二、间套作的发展

间套作是我国传统精耕细作农业的一个重要组成部分，在我国已经有两千多年的历史。

根据史料记载，我国的间套作始于汉代，间套作最早由西汉的氾胜之记录于《氾胜之书》中；后北魏农学家贾思勰通过总结《氾胜之书》，并补充农作经验著成《齐民要术》；发展至元朝时，根据积累的大量间套作经验，形成了《农桑辑要》；间套作在明清时期达到应用的高峰，著有《知本提纲》；民国年间，农业凋敝，农民为求温饱，仍然使用间作套种，如东北地区的"麦沟豆"，华北地区的高粱间种黑黄豆等。中华人民共和国成立后，为应对人口与粮食危机，间作套种技术得到了广泛应用，粮食、蔬菜、林果等农林间套复种技术层出不穷，提高了土地产出率和粮食生产能力。

进入 21 世纪，随着现代农业的发展，高产出、机械化和可持续成为间套作应用的新要求，传统间套作技术得以创新发展，如 2020 年中央一号文件要求加大力度推广的玉米大豆间作新农艺——玉米-大豆带状复合种植技术。

三、间套作的作用

随着耕地面积逐年下降和人口不断增长，对提高单位土地面积上作物产量的要求越来越迫切。间套作种植方式一直是我国农业精耕细作传统的重要组成部分，并具有重要作用。

（一）提高土地产出率

间套作是世界公认的集约利用土地和农业可持续发展的传统种植模式，众多研究证实，间套作既能确保作物的良好生长，又能相互促进、补充、克服或减少共生期矛盾，提高土地产出率。例如，谷子-大豆间作较谷子单作可增产 26%，玉米-大豆间作下的玉米产量较玉米单作产量提升 13%~16%。间套作在一定程度上解决了粮食作物和棉、油、蔬菜、绿肥之间的争地矛盾，正成为许多国家解决粮食安全的有效途径。

（二）提高光能利用率

成熟期不同或形态不同的作物间套时，光的利用是决定作物产量的重要因素。以玉米为代表的碳四作物与以大豆、花生等为代表的碳三作物间套作有明显的光能利用优势。对玉米带状间套作的研究表明，间套作光能利用率较玉米单作提高了 45% 左右。

（三）增强土壤保水能力

浅根构型和深根构型组合的间套作系统通过水资源利用的生态位分离实现水分的高效利用，而作物-绿肥间套作系统可通过绿肥对地面的覆盖增强土壤的保水能力，有利于提高水分利用效率。

（四）提高养分利用率

利用作物根系深浅程度的差异吸收不同生态位的营养物质以提高对养分的利用效率，间套作节肥效果明显，如小麦（大麦）与菜豆（豌豆）间作，菜豆（豌豆）的氮肥利用率较单作提高 30%～40%；间作还可促进豆科植物根瘤固氮，与黑麦、玉米、水稻等作物间作的豆科植物固氮量可增加 11.9～16.1 kg/亩[①]。

（五）有利于控制病虫草害

农田生物多样性的增加有利于生态系统的稳定，明显降低病虫草害暴发的可能性。生态系统内各作物之间的相互作用起到了重要作用，仅通过不同水稻品种之间的间作即可大幅降低虫害的发生率。此外，田间作物覆盖面积大，能够降低杂草生长所需的光照、透风条件，起到抑制杂草生长的作用。

第二节　间套作的原则和类型

一、间套作的原则

运用间套作种植方式，目的主要是在有限的耕地上提高土壤和光能利用率，获得更多产品。在生产中需要坚持以下原则。

（一）合理搭配品种

要根据当地的自然光、热资源条件和水、肥等生产条件，根据作物的生物学特性，进行作物的合理搭配。以充分利用光能资源，减轻两种作物在共生期内争水、争肥、争光的矛盾，协调利用地力。根据多年的间套作试验与示范推广经验，在间套作的品种搭配上要注意以下几点。

1. 空间利用方面

要选择高秆与矮秆、株型松散与株型紧凑搭配，如玉米可与

---

① 15 亩 = 1 hm²，全书同。

马铃薯或豆类等作物搭配，在叶形上选择尖叶类作物（如单子叶中的禾谷类作物）和圆叶类作物（如双子叶中的豆类、薯类作物）搭配。

2. 用地与养地方面

要注意用养相结合，在根系深浅上，选择深根性作物与浅根性作物搭配，如粮食与蔬菜，以便充分利用土壤中不同层次的水分与养分。

3. 作物对光照强度的要求方面

选择耐阴作物与喜光作物搭配，如小麦（喜光）套种马铃薯（耐阴）或间作豆类（耐阴）、玉米（喜光）与大豆（耐阴）间作等。

4. 选择适宜的丰产品种

对间作而言，首先要选择好搭配作物的种类，其次要求所选择的两类作物品种的生育期相近、生长整齐、成熟期一致。在选择经济作物种类时，要选择和确定适应性强、产量高的品种。同时，应注意不同作物的需光特性、生长特性以及作物之间的相生相克原理，发挥作物有益作用，减少作物间抑制效应。

（二）选择适宜配置方式

配置方式是指在间套作或带状种植中，两种作物采取在行间或者隔行或者呈带状的间套作。

1. 两种作物共同生长期长，宜采用带状间作种植

如大豆洋葱间作种植时，应以 1 m 为一带种植，采用行比 1∶5 间作种植模式，其中 70 cm 带宽移栽洋葱 5 行，30 cm 宽种大豆 1 行；大豆玉米间作，一般采用行比 3∶2、4∶2、4∶3 的间作种植模式，即以 3 行大豆间作 2 行玉米、4 行大豆间作 2 行玉米、4 行大豆间作 3 行玉米，这 3 种间作配置方式和配置比例的群体结构较好，既可发挥玉米的边行优势，增加玉米产量，又可减少玉米对大豆的遮阴作用，获得较高的大豆产量，增产增效较显著。

2. 两种作物共同生长期短，可在行间或隔行间套作

如玉米大蒜间作，可实行玉米大小行种植，大行 83~85 cm，种植大蒜 4~5 行；玉米马铃薯间作种植，玉米实行大小行种植，大行 80 cm，小行 40 cm，大行可种植马铃薯 2 行。

在实际生产中，应根据主要作物和次要作物确定适宜的间作配置方式和配置比例。在具体的种植过程中，还要处理好农机与农艺结合、良种与良法配套、节本与增效并重等问题，只有实现种管收全程机械化管理和精简化栽培，最大限度地降低生产成本、增加收入，才能提高新型农业经营主体和小农户的种植积极性。

（三）进行合理密植

实行间套作后，改变了作物的群体结构，创造了边行优势，提高了作物的通风透光条件。因此，可适当增加种植密度，促进群体增产。大量研究和生产实践表明，群体密度增加对间作的增产效果明显，间套作复合群体适宜的总密度要高于单作中的任何一个，才能实现增产增收，而密度不足、缺苗断垄，则会造成减产。不同作物间作，密度的增加幅度略有不同。例如，小麦在间套作中，密度一般比单作提高 20%~30%，玉米一般提高 30%~50%，多数间作种植作物的密度比单作可以增加 30%~40%。

（四）采取综合管理措施

间套作要针对不同作物的水肥需求，采取相应的、综合的田间管理措施。特别是在灌水、施肥方面，既要考虑主作物对水肥的需求特点，又要兼顾间套作作物的水肥需求特性，同时协调好二者之间的关系，促进共同生长发育，尽量避免种间竞争。此外，要扩大间套作互补效应，达到共同增产，尽可能减少二者的

竞争效应。目前，在我国西北、西南、华北等大部分地区，针对间套作田间管理方面的研究和措施已得到了深入和广泛的应用，大部分新型农业经营主体负责人和部分农民已经掌握了间套作的种植技术和管理技能。

二、间套作的类型

从各地区间套作的类型来看，我国旱地丘陵沟壑区的间套作类型主要分为农林间套作、林草间套作、粮草间套作和粮粮间套作4种类型。

（一）农林间套作

农林间套作主要是指农作物（包括经济作物）和林木（包括经济林木和果树）的间套作系统。

1. 主要类型

中国地域辽阔且各地区自然条件差异较大，只有因地制宜采取不同间套作模式，才能最大限度地发挥农林间套作的综合经济效益和生态效益，有利于农林间套作的可持续发展。因此，根据各地生态特点，我国农林间套作模式在各个地区有所不同。根据不同的地理条件、种植目的以及作物自身的特征，大致可将农林间套作分为3类。

（1）以农为主的间套作模式　农林长期共存，如枣树与农作物间套作，枣树具有根深、冠幅稀疏、发叶晚、落叶早等特点，避免了林木与农作物争水、争肥和争光的矛盾。这是我国农林业规模最大、历史最悠久的一种主要形式。适用于风沙危害较轻、土壤质地较好的地区，林木宽行种植或散栽稀植。例如，山东省德州市乐陵无核金丝小枣与大豆、食用豆、中草药等的间套作模式，取得了很好的经济效益和生态效益。

（2）以林为主的间套作模式　在3~5年幼林期内，林木未郁闭前间套作农作物，既可得到短期收益，又可促进林木生长，这是山区主要的林农复合生态系统立体经营类型，如苹果树、梨树、仁用杏树间套作豆类、蔬菜、中药材等，也是近几年黄淮海地区道路两旁的主要间套作种植模式。林木郁闭后，采用疏伐或改种耐阴性经济作物。适用于土壤贫瘠、人口稀少的地区。

（3）农林并重的间套作模式　适用于风沙危害较大、降水稀少的干旱地区。在黄土高原丘陵沟壑区，梨-农间套作等农林间套作模式，具有显著的经济效益和生态效益。

2. 优势特点

农林间套作不但解决了秋冬季林木和果树落叶问题，而且通过林间耕作、施肥等农艺措施，改善了林木生长环境，提高了林地肥力水平，实现了林地水、肥、气的协调，促进了林木生长，从而解决了长期效益与近期效益之间的矛盾，实现了生产效益、生态效益的平衡优化，且增加了农民收入，保持了农村稳定，促进了农民增收。特别是林粮间套作，林果带距小，对农作物的防护作用优于其他防护林；林粮间套作立体种植，对光、热、水等自然利用充分，林粮根系分布不同，可以全面利用土壤养分，林粮优势互补，同时获得良好的经济效益。受干热风危害影响严重的地区，依据间套作模式的不同，农林间套作的林木使风速降低了10%~80%，确保了作物免受干热风的危害。

（二）林草间套作

林草间套作是指由多年生木本植物（乔木和灌木）和多年生或一年生牧草在空间和时间上的有机结合形成的复合经营方式。

1. 优势特点

林草间套作是利用林木和牧草生长的时空互补关系，以提高水土资源利用率，实现增产增收目的而形成的一种集约化种植模式，同时有改良土壤、改善田间微环境、促进作物生长发育的优势。林草间套作能提高光能的利用率，同时可改善林地小气候，与没有间套作的林地相比，间套作的林地温差减小，能增加土壤肥力，促进树木的生长；能改善土壤结构，有效地减少地表径流和养分的流失，起到涵养水源、防风固土等作用；还能实现林业、农业和畜牧业的有机结合。林下间套作牧草，可以快速提高林草覆盖度，增加经济收入，是提高林地使用价值的一条新途径，受到了广大林农的欢迎。近年来，在退耕还林中日益受到重视，并被大面积推广应用，取得了良好的生态效益和经济效益。

在黄土丘陵沟壑区，经过 3~5 年的林草间套作种植，可使牧草产量提高 5~7 倍，近期可获得牧草的收益，远期有林果的收益，可以发挥出长短期相结合的经济效益，帮助农民早日脱贫致富。林草间套作种植模式，既可除莠施肥、改良土壤、提高林果单位面积产量，又可收获牧草、饲养家畜，发展畜牧业。同时，林草间套作模式不仅增加了林草的种植面积，也促进了牧草加工业的形成和发展，而且给农户带来了很大的经济利益。同时，林草间套作的立体植被结构通过冠层截留降水，降低水滴势能，调节降水分配，通过种草增加地表粗糙度和表层土壤根系，降低地表径流量和土壤侵蚀量，从而达到土壤-植被系统保持水土的生态效能。

2. 适宜间套作的林草种类

适宜间套作的树种主要有杨树、刺槐、柿树、枣树、银杏树、香椿树、核桃树、杏树、苹果树、石榴树、樱桃树等。适宜间套作的牧草主要有紫花苜蓿、百脉根、白三叶、黑麦草等。

通过多年的试验示范，筛选出了适合库区种植的优质高产牧草种类及水土保持的牧草种类。优质高产牧草有黑麦草、墨西哥玉米、高丹草、杂交狼尾草、菊苣、紫花苜蓿、白三叶、红三叶、多花木兰。用于水土保持且适合低山区种植的牧草有百喜草，适合中高山种植的有三叶草、鸭茅、苇状羊茅等；多花木兰的适应范围很广，但因属于豆科小灌木，需要连片种植才能达到应有的效果。

3. 主要类型

我国的林草间套作主要可分为两类。

（1）长期间套作型　通过采取一定的措施，控制树木与牧草之间的不良竞争，使牧草与树木长期共存的林草间套作类型。要林草并重，复合经营，通过综合运用定植技术、园艺措施、加强土肥水管理等方法，缓解树木与牧草争夺水分、肥料、光照的矛盾，使林草和谐相处、长期共存。

（2）前期间套作型　在造林后到幼林郁闭前，利用树行间的土地种植牧草，获得牧草收益，当牧草开始影响树木生长或林下环境变得不适应牧草生长时，逐步铲除牧草的暂时性间套作类型。主要是以树为主，以草为辅，逐步铲除影响树木生长的牧草。

（三）粮草间套作

粮草间套作是指选择禾本科粮食作物和豆科牧草按适当比例种在一个地块里，以获得粮草双丰收，既能肥田又可提供优质饲料的良好效果。

1. 成功模式

在松嫩平原西部的中低产耕地土壤上，通过实行麦、肥混种，翻压绿肥，夏播大豆和玉米，3年粮肥轮作后，耕层土壤有机质和各种养分含量均得到有效提高，土壤的蔗糖转化酶增加，pH值降低，土壤生物活性增强。玉米间套作牧草，能有效减轻坡耕地水土流失，在高强度降水中，水土保持效果更明显。玉米间套作混播草带，侵蚀量比玉米裸地单作显著减少68.9%~84.5%；玉米间套作草带的总侵蚀量，比玉米裸地单作显著减少60.8%~70.0%。玉米草木樨间套作，可培肥地力，改良土壤，从而提高经济效益，并获得良好的生态效益。粮草带状间套作，可有效增加地表粗糙度，比裸地平均降低近地面5 cm风速31.6%，风蚀量平均降低79.4%；减缓风蚀地表粗化，大于1 mm的砾石为对照裸地的25%；生物量达3 773 kg/hm²，是天然草场的5.7倍。同时具有轮作培肥土壤的作用，是适应当地条件的有效、简单、经济可行的防风蚀方法。

2. 主要类型

（1）玉米苜蓿间套作 这种间套作模式在我国坡耕地粮草间套作中应用较为广泛，玉米和苜蓿共有5种间套作模式：在渭北黄土高原坡地不同坡度的玉米苜蓿间套作模式，在渭北旱塬坡耕地上10 m苜蓿带和10 m玉米带的间套作模式，在山东泰安不同苜蓿和玉米行数比的间套作模式（2:2、3:2、4:2、5:2），在贵州坡耕地上紫花苜蓿玉米间套作、作物分带轮作，内蒙古的青贮玉米苜蓿间套作模式。

（2）谷子（或糜子）苜蓿间套作 在宁夏南部旱区约有6个不同粮草间套作模式，主要是谷子或糜子与苜蓿的间套作种植。

（3）马铃薯苜蓿间套作 在黄土丘陵沟壑区采用春小麦、鹰嘴豆、马铃薯与紫花苜蓿间套作，马铃薯与紫花苜蓿间套作模式能更加有效地减少地表径流量和降低土壤侵蚀量。

（4）玉米草木樨间套作 在黑龙江多地开展了早熟密植玉米与草木樨横坡沟垄带状间套作模式，粮草用地比例为2:1。

（5）大豆苜蓿间套作 在松干流域采用大豆苜蓿间套作种植模式，能有效减少土壤氮磷流失。

（6）玉米斜茎黄耆间套作　在辽西地区玉米斜茎黄耆间套作（4∶2）模式可以种植推广。

（7）无芒雀麦斜茎黄耆间套作　在黄土高原半干旱地区，无芒雀麦与斜茎黄耆带状间套作，有助于大幅度提高无芒雀麦的产量，同时促进斜茎黄耆的生长。

（四）粮粮间套作

粮粮间套作是指粮食作物与粮食作物、经济作物、油料作物等的间套作模式。

1. 成功模式

自20世纪60年代以来，我国的间套作种植面积迅速扩大，有高秆、矮秆作物间套作和不同作物种类间套作，涉及粮、经、饲（肥）、菜、瓜、药、果（林）等多种作物，如粮食作物与经济作物、饲料作物、绿肥作物的间套作等，尤其以玉米与豆类作物的间套作最为普遍，广泛分布于东北、华北、西北和西南各地。此外，还有玉米花生间套作、玉米马铃薯间套作、小麦蚕豆间套作、甘蔗与花生或大豆间套作、高粱与谷子间套作等。目前，我国的粮粮间套作方式很多，在生产中发挥主要作用的成功间套作模式包括：玉米大豆间套作（四川、重庆、广西、甘肃、河南、安徽、山东、内蒙古等）；小麦玉米间套作（河西走廊、内蒙古河套平原等）；小麦棉花套作（南方棉区）；麦套玉米再套甘薯（西南丘陵旱地）；棉花和西瓜、棉花和蒜、小麦和西瓜和棉花、棉花和绿豆、早春菜和棉花等以棉花为基础的间套作（适用于棉区）；粮饲间套作（南方稻田套种紫云英、北方小麦套种箭舌豌豆或毛苕子等）；粮菜间套作；等等。

2. 主要类型

现行的大田作物间套作形式很多，禾本科作物与豆科作物的间套作是遍及全球的做法。目前，作物间套作模式按间套作作物可分为包括豆科作物的间套作体系和不包括豆科作物的间套作体系两大类。豆科作物的间套作体系因存在共生固氮和氮转移等特点，而成为农业生产上主要的间套作模式。禾本科和豆科作物间套作体系，利用豆科作物的生物固氮优点，不仅减少了作物生产中的化肥投入，还具有高产高效、减排温室气体、可持续等特点。

在拉丁美洲，主要是玉米与菜豆间套作；在非洲，则多为玉米、高粱与豇豆间套作。在我国，玉米与豆类的间套作分布很广，从东北到西南各处都有。除了禾本科与豆科间套作外，我国小麦与玉米间套作、玉米与马铃薯间套作、麦类与豆类及绿肥间套作、高粱与谷子间套作等模式也广泛存在。

3. 分布区域

在我国的不同区域，常采用的间套作模式只有 1~2 种。在华北平原等生产期较短的地方，多采用小麦玉米间作的方式。此外，小麦棉花间作、小麦花生间作、小麦甘薯间作等，也占有一定面积。在东北、西北地区，主要发展了以玉米为主的间作，如玉米豆类间作，在高水肥地上和热量较多的地方还发展了小麦马铃薯间作、小麦大豆间作等。陕西关中西部是油菜高产区，20世纪 70—80 年代，在粮油争地、油菜面积上不去、资源优势得不到发挥的情况下，粮油间作获得了成功。线辣椒是陕西关中地区出口创汇的优质产品，20 世纪 80 年代以前单作效益不高，通过发展小麦辣椒间作模式以后，效益大幅度提高。陕北地区通过小麦玉米间套作，促进了小麦的进一步推广。在甘肃河西走廊、宁夏引黄灌溉区、内蒙古河套灌区、土默特川黑河灌区，大面积推广小麦玉米间套等技术，对粮食生产起到了很大的增产作用。内蒙古西部河套灌区和宁夏引黄灌区，土地盐碱性较大，通过实行小麦与耐盐碱的油葵（油用向日葵）间作，获得了丰产，既解决了当地的粮油争地矛盾，又增加了收益，还利用了向日葵的耐盐碱特征，一举多得。

同时，同一种作物，不同基因型之间的间作模式，如紧凑型与半紧凑型玉米品种的间作，同样可以提高群体质量，延长叶片功能期，提高光合效率，增加籽粒产量；适合密植的紧凑株型玉米和稀植大穗型玉米的高、矮间作种植，均比单作种植产量显著提高。

玉米和豆类的间作分布很广，从东北到西南各地都有。例如，蚕豆玉米间作是我国西北一熟制地区大面积推广的一种种植模式，花生玉米间作、大豆玉米间作则是黄淮海平原很普遍的一种种植方式。

4. 主要间套作作物

我国的粮粮间套作，涉及的作物很多，主要包括小麦、大麦、燕麦、谷子、水稻、玉米、高粱、花生、大豆、绿豆、甘薯等。因此，研究间套作对我国乃至世界的农业生产都具有十分重要的意义。

第三节　不同农作物的间套作

一、果园间套地膜马铃薯

（一）种植方式

适应范围以 1~3 年幼园为宜，水、旱地均可。2 月初开始下种，麦收前 10 天始收。种植规格以行距 3 m 的果园为例：当年建园的每行起垄 3 条，翌年园内每行起垄 2 条。垄距 72 cm、垄高 16 cm、垄底宽 56 cm，垄要起得平而直。起垄后，用锨轻抹垄顶。每垄开沟两行，行距 16~20 cm，株距 23~26 cm。将提前混合好的肥料施入沟内，下种后和沟复垄。有墒的随种随覆盖，无墒的可先下种覆膜，有条件的灌 1 次透水，覆膜要压严拉紧不漏风。

（二）茬口安排

前茬最好是小麦，后茬以大豆、白菜、甘蓝为主，以利于在行间套种地膜马铃薯。

（三）播前准备

每亩施有机肥 2 500～5 000 kg、磷酸二铵 30 kg、硫酸钾40 kg，每亩用 5 kg 左右的地膜。

（四）切薯拌种

先用 100 g 以上的无病种薯，切成具有一个芽眼约为 50 g 的薯块，并用多菌灵拌种备用。播后 30 天左右，及时查苗放苗，并封好放苗口。苗齐后喷 1 次叶面肥，打去第三片叶以下的侧芽，每穴留 1 株壮苗。以后再每周喷 1 次生长促进剂。花前要灌1 次透水，花后不灌或少灌水。

二、温室葡萄与蔬菜间作

（一）葡萄的栽培及管理

（1）栽植方式　葡萄于 3 月 10 日左右定植在甘蓝或番茄行间，留双蔓，南北行，行距 2 m，株距 0.5 m，比露地生长期长 1个月，10 月下旬覆棚膜，11 月中旬修剪后盖草帘保温越冬。

（2）整枝方式与修剪　单株留双蔓整枝，新梢上的副梢留 1片叶摘心，二次副梢留 1 片叶摘心，新梢长到 1.5 cm 时进行摘心。立秋前不管新梢多长都要摘心。当年新蔓用竹竿领蔓，本架则形成"V"字形架，与临架形成拱形棚架。当年冬剪时以剪留1.2～1.3 m 蔓长为宜。

（3）田间管理　翌年 1 月 15 日前后温室开始揭帘升温。2月 15 日前后冬芽开始萌动，把蔓绑在事先搭好的竹竿上，注意早春温室增温后不要急于上架。4月初进行抹芽和疏枝，每个蔓留4~5个新梢，留3~4个果枝，每个果枝留一个花穗。6月20日左右开始上市，8月初采收结束。在葡萄种植当年的9月下旬至10月上旬，在葡萄一侧距根系30 cm以外开沟施基肥，每公顷施有机肥$3×10^4$~$5×10^4$ kg。按5肥5水的方案实施。花前、花后、果实膨大、着色前、采收后进行追肥，距根30 cm以外或地面随水追肥，每次每株50 g左右，葡萄落花后10天左右，用生长调节剂浸或喷果穗，以增大果粒。另外，可用异菌脲防治幼果期病害，处理后进行套袋防病效果好。其他病虫害防治按常规法防治；在11月上旬覆膜准备越冬，严霜过后，葡萄叶落完开始冬剪。

（二）间作蔬菜的栽植与管理

可与葡萄间作的蔬菜有两种（甘蓝、番茄），1月末2月初定植甘蓝和番茄，2月20日番茄已经开花，间作的甘蓝已缓苗，并长出2片新叶。甘蓝于4月20日左右罢园，番茄于5月20日左右拔秧。

（三）经济效益分析

葡萄平均产值为22.1元/m^2，若与甘蓝间作，主作和间作的产值为30.1元/m^2，每亩产值20 076.7元；若与番茄间作，则主作和间作的产值为37.6元/m^2，每亩产值25 079.2元，经济效益显著。

三、大蒜、黄瓜、菜豆间套

山东兰陵县连续两年进行三种三收的高产高效栽培，即在地膜覆盖的大蒜行套种秋黄瓜，收获大蒜后再种植菜豆，获得了较好的经济效益。

（一）种植方式

施足基肥后，整地做畦，畦高8~10 cm，畦沟宽30 cm，大蒜的播期在 10 月上旬寒露前后，行距 17 cm，株距 7 cm，平均每亩栽植 33 000 株。开沟播种，沟深 10 cm，播种深 6~7 cm，待蒜头收获后，将处理好的黄瓜种点播于畦上，每畦 2 行，行距 70 cm，穴距 25 cm，每穴 3~4 粒种子，每亩留苗 3 500 株；6 月下旬于黄瓜行间做垄直播菜豆，行距 30 cm，穴距 20 cm，每穴播 2~3 粒。

（二）栽培技术要点

（1）科学选地　选择地势平坦、土层深厚、耕层松软、土壤肥力较高、有机质丰富以及保肥、保水能力较强的地块。

（2）田间管理　一是早大蒜出苗时可人工破膜，小雪之后浇 1 次越冬水，翌春 3 月底入薹，瓣分化期应根据墒情浇水。蒜薹生长中期、露尾、露苞等生育阶段要适期浇水，保田间湿润，露苞前后及时揭膜。采薹前 5 天停止浇水，采薹后随即浇水 1 次，过 5~6 天再浇水 1~2 次。临近收获蒜头时，应在大蒜行间保墒，将有机肥施入畦沟，然后用土拌匀，以备播种秋黄瓜。二是黄瓜苗有 3~4 片真叶时，每穴留苗 1 株，定苗后浅中耕 1 次，并每亩施入硫酸铵 10 kg 促苗早发。定苗浇水随即插架，结合绑蔓进行整枝，根据长势情况，适时对主蔓摘心。三是菜豆定苗后浇 1 次水，然后插架。结荚期需追肥 2~3 次，每次施硫酸铵 15 kg/亩。

（3）病害防治　秋黄瓜主要病害有霜霉病、炭疽病、白粉病、疫病、角斑病等。可用 25%甲霜灵可湿性粉剂 500 倍液、75%百菌清可湿性粉剂 600 倍液、77%氢氧化铜水分散粒剂 500 倍液等防治。菜豆的主要病害有黑腐病、锈病、叶烧病，可用 20%三唑酮乳油 2 000 倍液、40%五氯硝基苯粉剂与 50%福美双可湿性粉剂 1∶1 配成混合剂、80%乙蒜素乳油 8 000 倍液喷洒防治。

（三）经济效益与适用地区

1994—1995 年该模式在兰陵县长城镇前王庄村已开始应用，平均每亩收获蒜薹 560. 4 kg，大蒜头 618. 5 kg，其中大蒜头出口商品率高达 75%，蒜头、蒜薹平均收入 2 581 元。秋黄瓜亩产 2 850 kg，平均收入 1 710 元。菜豆亩产 1 625 kg，平均收入 1 300 元。3 种菜每亩共计收入 5 591 元，一年三种三收比单作或两种两收增产 30. 6%~46. 2%。

四、蒜苗、春黄瓜、秋黄瓜温室蔬菜栽培

（一）坐床、施足底肥

在生产蒜苗前，细致整地，每亩一次性施入优质农家肥 2 m³，然后坐床，苗床长、宽依据温室大小而定，床做好后，在床面上平铺 10 cm 厚的肥土，上面再铺约 3 cm 厚的细河沙。

（二）蒜苗生产

针对蒜苗春节旺销的情况，12 月 20—25 日选优质牙蒜，浸泡 24 h 后去掉茎盘，蒜芽一律朝上种在苗床上。苗床温度 17~20 ℃，白天室温在 25 ℃左右，整个生长期浇 3~4 次水，当蒜苗高度达 33 cm 左右，即可收割，收割前 3~4 天将室温降到 20 ℃左右。

（三）春黄瓜生产

定植前做好准备，即在蒜苗生长期间，1 月 10 日前后就开始育黄瓜苗，采用塑料袋育苗，55 天后蒜苗基本收割完毕，将苗床重新整理好，于 3 月 5 日前定植黄瓜。

定植后加强管理，即在黄瓜定植后注意提高地温，促使快速缓苗。白天室温保持在 30 ℃左右。定植后半个月左右搭架，定植 20 天后追肥硫酸铵 3 kg/亩，方法是在离植株 10 cm 的一侧挖一个 5~6 cm 深的小坑，施入后随即覆土。在黄瓜整个生长期随

水冲施 4 次人粪尿，灌 3 次清水，及时打掉植株底部老叶、杈。黄瓜成熟后，要及时收获。

(四) 秋黄瓜生产

7 月 15 日育苗，8 月 25 日定植。植株长至 5~6 片叶以后，主蔓生长，及时绑蔓。根瓜坐住后开始追肥，每亩追施复合肥 20 kg，追肥后灌水。灌水后，在土壤干湿适合时松土，同时消灭杂草。随着外界温度下降，注意防寒保暖。室内温度低于 15 ℃时停止放风。白天温度 25~30 ℃，若超过 30 ℃要放风。夜间室温降至 10 ℃时开始覆盖草苫子，外界温度降到 0 ℃以下时，开始覆盖棉被保暖。从根瓜采收开始，每天早上采收 1 次。

五、旱地玉米间作马铃薯的立体种植

(一) 种植方式

采用 65 cm+145 cm 的带幅 (1 垄玉米，4 行马铃薯)。玉米覆膜穴种，穴距 66 cm，穴内株距 17~20 cm，每穴 5 株，保苗 3.75 万株/hm²；马铃薯行距 35 cm，株距 25 cm，保苗约 3 万株/hm²。玉米用籽量 15.0~22.5 kg/hm²，马铃薯用块茎量 1.5 t/hm²。

(二) 栽培技术要点

(1) 选地、整地　选择地势平坦、肥力中上的水平梯田，前茬为小麦或荞麦 (切忌重茬或茄科连作茬)。在往年深耕的基础上，播种时必须精细整地，使土壤疏松，无明显的土坷垃。

(2) 选用良种、适时播种　玉米选用中晚熟高产的品种，马铃薯选用抗病丰产品种。玉米适宜播期为 4 月 10—20 日。最好用整薯播种，如果采用切块播种，每切块上必须留 2 个芽眼，切到病薯时，用 75% 的酒精进行切刀、切板消毒，避免病菌传染。

（3）科学施肥　玉米于早春土地解冻时挖坑埋肥。每公顷用农家肥 45 t（分 3 次施，50%基施，20%拔节期追肥，30%大喇叭口期追肥）、过磷酸钙 375~450 kg、锌肥 15 kg。除作追肥的尿素外，其余肥料全部与土混匀，埋于 0.037 m^2 的坑内。马铃薯每公顷施农家肥 30 t，尿素 187.5 kg（60%作基肥，40%现蕾前追肥）、过磷酸钙 300 kg。除作追肥的尿素外，其余肥料全部混匀作基肥一次性施入。

（4）田间管理　玉米出苗后，要及时打孔放苗，到 3~4 叶期间苗，5~6 叶期定苗；大喇叭口期每公顷用 10%二嗪磷颗粒剂 6~9 kg 灌心防治玉米螟；待抽雄初期，每公顷喷施玉米健壮素 15 支，使植株矮而健壮、不倒伏，增加物质积累。马铃薯出苗后要松土除草，当株高 12~15 cm 时（现蕾前）结合施肥进行培土，到开花前后，即株高 24~30 cm 时，再进行培土，以利于匍匐茎、多结薯、结好薯。始花期每公顷用 1.5~2.25 kg 磷酸二氢钾、6.0 kg 尿素兑水 300~375 kg 进行叶面喷施追肥，在整个生育期内应注意用代森锰锌等防晚疫病。玉米苞叶发白时收获；马铃薯在早霜来临时及时收获。

（三）经济效益及适用地区

旱地玉米间作马铃薯在甘肃静宁县大面积示范，累计推广旱地地膜撮苗玉米间作马铃薯 171.13 hm^2，平均每公顷玉米产量为 3 522.0 kg，马铃薯产量为 16 147.0 kg。

六、麦套春棉地膜覆盖立体栽培

（一）种植方式

采用麦棉套种的 3∶1 式，即年前秋播 3 行小麦，行距 20 cm，占地 40%；预留棉行 60 cm，占地 60%；麦棉间距 30 cm。春棉的播期为 4 月 5—15 日，可先播后覆膜，也可先盖膜后播种，穴距 14 cm，每穴 3~4 粒，密度为 6.75×10^4~7.50×10^4 株/hm^2。

(二) 栽培技术要点

(1) 培肥地力 麦播前结合整地每公顷施厩肥 30~45 t、磷肥 375~450 kg；棉花播前结合整地，每公顷施厩肥 1.5 t、饼肥 600~750 kg，增加土壤有机质含量，改善土壤结构。

(2) 种子处理 选择晴天将选好的种子晒 5~6 h，连晒 3~5 天，晒到棉籽用牙咬时有响声为止；播前 1 天用生长调节剂浸种 8~10 h，播前将棉种用冷水浸湿后，晾至半干，将 40% 棉花复方壮苗一拌灵 50 g 加 1~2 kg 细干土充分混合，与棉种拌匀，即可播种。

(3) 田间管理 主要任务是在共生期间要保全苗，促壮苗早发。花铃期以促为主，重用肥水，防止早衰。在麦苗共生期，棉花移栽后，切勿在寒流大风时放苗，放苗后及时用土封严膜孔。苗齐后及时间苗，每穴留 1 株健壮苗。麦收前浇水不要过大，严防淹棉苗，淤地膜，降低地温。

在小麦生长后期，麦熟后要快收、快运，及早中耕灭茬、追肥浇水、治虫，促进棉苗发棵增蕾。春棉进入盛蕾-初花期时，应及早揭膜，随即追肥浇水，培土护根，促进侧根生长、下扎。

在棉花的花铃期，以促为主，重追肥、浇透水。7 月中旬结合浇水每公顷追施尿素 225 kg。在初花期、结铃期喷施棉花高效肥液的同时在花铃期要保持田间通风透光，搞好病虫害防治，后期及时采摘烂桃。

七、麦套花生粮油型立体种植

麦垄套种花生种植模式在豫北地区迅猛发展，已成为该地区花生栽培的主体模式。该模式可以提高复种指数，充分利用地、光、热、水资源。

（一）种植方式

（1）小麦大背垄套种花生　用 30 cm 宽的两条腿耧播种小麦，实行两耧紧靠，耧与耧间距为 10 cm，小麦成宽窄行种植，大行距 30 cm，小行距 10 cm。大行于翌年 5 月中旬点种 1 行花生，相当等行距 40 cm，穴距 19~21 cm，$12.00×10^4$~$12.75×10^4$ 穴/hm²，每穴双粒。这种种植方式使小麦充分发挥边行优势，提高产量。背垄宽，便于花生早点种，保证其种植密度和点种质量，可在行间开沟施肥、小水润浇、培土迎针等操作管理，夺取花生高产。此方式适合水肥条件好的高产区。

（2）小麦套种花生　用 40 cm 宽的三行腿耧常规播种小麦，翌年 5 月中下旬每隔 2 行小麦，点种 1 行花生，行距 40 cm，穴距 18~20 cm，$12.75×10^4$~$13.50×10^4$ 穴/hm²，每穴双粒。这种方式便于小麦播种，能合理搭配行株距，花生行宽田间操作方便。适合高、中等肥力水平的产区。

（3）宽窄行套种　用 40 cm 宽的三条腿耧常规播种小麦，翌年 5 月中下旬点种花生，每隔 1 行背，点 2 行背垄，花生宽行距 40 cm，穴距 20~22 cm，$15.00×10^4$~$16.50×10^4$ 穴/hm²，每穴双粒。该方式在保证小麦面积的前提下，以宽行间操作管理花生，适合中、下等肥力水平的产区。

（二）栽培技术要点

（1）早施肥料、一肥两用　早春结合麦苗中耕，施入腐熟农家肥 30 000 kg/hm²、尿素 150~225 kg/hm²、过磷酸钙 300 kg/hm²，开沟条施或穴施于准备套种花生的麦垄间，既作为小麦返青拔节肥，也作为花生底肥。

（2）品种选择　小麦应选用矮秆、紧凑、早熟、高产品种。

花生选用直立型、结果集中、饱果率高、增产潜力大的品种。

（3）花生田间管理　苗期管理以培育壮苗为重点，苗壮而不旺。小麦收后应及时中耕灭茬，松土保墒，除草；花荚期管理以控棵保稳长为重点。一是看苗追肥，视苗情有选择地施肥。二是盛花期适追石膏，增加花生生长所需的钙、硫。三是培土迎果针，加速果针尽早入土结果。四是浇好花果水，以增花增果。饱果期管理的重点是最大限度地保护功能叶，维持茎枝顶叶活力，以防早衰烂果，提高饱果率。

花生的虫害主要有蚜虫、红蜘蛛、蛴螬，可根据虫害发生的程度分别喷洒不同浓度的氧乐果、辛硫磷等。花生的主要病害有花生茎腐病、花生叶斑病和花生黄化症等。

第四节　间套作栽培模式实例

一、间作套种栽培助力乡村振兴

"玉米-香菜-小麦"间作套种是山东省聊城市莘县莘亭镇的特色农业。近年来，其规模、产量、效益一直稳步上升，种植面积常年保持在1万亩左右。这种栽培模式使粮食面积稳定、农民增收致富，在助力乡村振兴发展上发挥了重要作用。

"老百姓在玉米地里套种香菜，收了香菜再种小麦。"据科技带头人介绍，自从村里发展"玉米-香菜-小麦"种植模式以来，玉米每亩产量达到 650~700 kg，小麦每亩产量达到 600~650 kg，香菜每亩产量达到 2 000 kg，每亩纯收入 14 000~15 000 元。

据莘亭镇相关负责人介绍，莘亭镇种植香菜有 20 多年的历史，产品远销全国各地。玉米地里套种香菜，收了香菜再种小麦，这种栽培模式粮食产量不减少，还能多收几千斤（1斤＝0.5 kg）香菜。莘亭镇已经有20多个村采用了这种模式。

"莘亭镇这种'玉米–香菜–小麦'间作套种，一年三种三收，种粮面积不减少，产量不少收，农民还能挣到更多钱。这种栽培模式很好，值得推广。"聊城市农业农村发展服务中心副主任总结道，乡村振兴首先要抓好粮食生产，保证种粮面积不减少，同时套种高附加值的蔬菜，增加农民的收入。

（资料来源：齐鲁晚报，2022年6月2日）

二、果园里小小黄豆来"插队"

进入甘肃省平凉市上关镇水联村嶵岘核桃基地，一排排挂果的核桃树整齐"列队"，宛如冲锋陷阵归来的武士，亟待胜利的褒奖。而壮硕的果树间隙竟有肥嫩的大豆苗来"插队"，整个果园参差不齐，一派生机盎然的景象。

春耕以来，上关镇积极争取上级补贴优质大豆种子"中黄35号"3 000 kg，在水联、陈家河、塄坎3个村实施核桃园间作套种1 800亩，投入劳力100人次以上，谷雨时节全部种植到位，目前发芽率达到95%以上，长势喜人。当前，大豆市场价格持续看好，1 800亩基地套种的大豆，预计产能将达到20万kg左右。

上关镇积极探索核桃与大豆间作套种的模式，有效延补了核桃产业链条，提高了核桃产业附加值，实现农作物种植及核桃管护双赢，不断扩增产业效益。同时，规模化的套种经营带来了稳定的收益，充分保护了群众发展产业的积极性，大大提振了产业兴农的信心。

（资料来源：信息新报，2022年5月31日）

三、高粱配大豆间套作模式

在四川省自贡市贡井区沙罗村 6 组可以看到，150 余亩绿油油的高粱长势良好，间插的春大豆已结出果实，农户们正在田间地头忙碌地除去多余的高粱秧苗和杂草，期待着好收成。

"这个高粱和春大豆是用间插方式种植的，再过半个月春大豆收获后又可马上套种夏大豆，实现一年收两季大豆，增加农户收益。"贡井区农业农村局负责人说道。

在高粱地或者玉米地间套作大豆是近年来贡井区积极响应国家"大豆振兴计划"、深入推进大豆科技自强行动的重要举措。间套作种植方式要求 6 尺（1 尺 ≈ 33 cm，3 尺 = 1 m）开厢，宽行 4 尺种 3 行大豆，窄行 2 尺种 2 行高粱（玉米），该种植方式能有效破解粮豆争地，充分发挥边行效益及大豆固氮养地的作用，实现高粱（玉米）稳产、增收一茬大豆，具有一地双收增粮增收、一种多效用养结合、一技多用、前景广阔的优势，是解决争地矛盾、确保粮食安全、实现农业绿色可持续发展的有效途径。

"刚开始村民习惯了单一的种植方式，我们就通过种植示范基地，邀请村民在农作物成熟后现场观摩、现场比价、举办技术培训班、印发技术资料等方式进行宣传，并实地提供技术支持，让村民切实认识到间套作方式收益更大，让村民逐渐接受并实行。"贡井区农业农村局农业站副站长认真介绍道。据悉，2021 年贡井区套作大豆达到近 10 万亩，2022 年入选"全国大豆科技自强示范县"。

种 1 亩高粱等于 2 亩玉米的产量，同时高粱以 7.1 元/kg 的保底价进行回收送至四川郎酒集团有限责任公司，让村民种出来的高粱有销路，同时大豆协议价 6.8 元/kg，已和蔬菜批发商联系好成熟后进行采收。农户收入和销路有保障了，都愿意套种高粱和大豆，目前全区种植的高粱有 5 万余亩，大豆种植 10 万余亩。

近年来，贡井区政府高度重视套作大豆产业发展，通过推广大豆新品种、新技术、新模式，套作大豆产业向规模化、优质化、绿色化发展，单产水平得到进一步提升。2021 年套作大豆高产创建万亩示范区平均亩产 152.6 kg，千亩展示片平均亩产 161.4 kg，百亩核心示范基地平均亩产达 172.4 kg，比全区大面积套作大豆平均亩产 133.9 kg 分别高 13.97%、20.54%、28.75%。同时，大豆协议价比市场价高出 0.8~1.8 元/kg，提高农户销售收益约 20%。

（资料来源：四川新闻网，2022 年 5 月 26 日）

第三章

生态循环养殖模式

第一节 发酵床养猪技术

发酵床养猪是将垫料和牲畜粪便混合让其发挥协同发酵作用，快速转化生粪、尿等养殖废弃物，同时能消除恶臭，抑制害虫、病菌的养殖技术。同时，发酵床里的有益微生物菌群能将垫料、粪便合成可供牲畜食用的糖类、蛋白质、有机酸、维生素等营养物质，增强牲畜抗病能力，促进牲畜健康生长。

一、发酵床及猪舍建设

发酵床养猪的猪舍可以在原建猪舍的基础上稍加改造，也可以用温室大棚。一般要求猪舍东西走向、坐北朝南，充分采光，通风良好。发酵床分地下式发酵床和地上式发酵床两种。南方地下水位较高，一般采用地上式发酵床，地上式发酵床在地面上砌成，要求有一定深度，再填入已经制成的有机垫料。北方地下水位较低，一般采用地下式发酵床，地下式发酵床要求向地面以下深挖 90~100 cm，填满制成的有机垫料（根据实际的操作经验，采用地上式发酵比较好，更换垫料方便）。

地上式发酵床建造参数及要求如下。

①每单元栏舍面积以 50~200 m² 为宜，便于垫料的日常养护。

②发酵床面积为栏舍面积的70%左右，余下面积应做硬化处理，成为硬地平台，供生猪取食或高温时节的休息场所。

③垫料高度以保育猪40~60 cm、育成猪70~120 cm为宜，一般南方地区可适当垫低，北方地区（淮河以北）适当垫高，夏季适当垫低，冬季适当垫高。

④育成猪养殖密度较常规养殖方式降低10%左右，便于发酵床能及时充分地分解粪尿粪便排泄物等，保持清新健康养殖环境。

⑤垫料进出口的设计要满足进料和清槽（即垫料使用到一定期限时需要从垫料槽中清除）时操作便利。

⑥通风设施完整，最好事先预留较大面积的天窗与通风口等，以便保持猪舍空气清新，针对夏秋高温时节，应安装好降温设施如湿帘、喷雾系统、双层中空屋顶、纵向通风系统等；超微喷雾降温装置可以保证后期垫料养护加菌时能共用；冬季应定时开启排风扇，避免猪舍湿度过大。

二、发酵床垫料制作

发酵床主要由有机垫料组成，垫料主要成分是稻壳、锯末、树皮木屑碎片、豆腐渣、酒糟、粉碎秸秆、干生牛粪等，占90%，其他10%是土和少量的粗盐。猪舍填垫总厚度约90 cm。条件好的可先铺30~40 cm深的木段、竹片，然后铺上锯屑、秸秆和稻壳等。秸秆可放在下面，然后再铺上锯末。土的用量为总材料的10%左右，要求是没有用过化肥、农药的干净泥土；盐用量为总材料的0.3%；益生菌菌液每吨填料用2~5 kg。

将菌液、稻壳、锯末等按一定比例混合，使总含水量达到60%（注意：干材料含水量也已经超过10%），保证有益菌大量繁殖。用手紧握材料，手指缝隙湿润，但不至于滴水。加入少量酒糟、稻壳焦炭等发酵也很理想。

材料准备好后，在猪进圈之前要预先发酵，使材料的温度达50 ℃，以杀死病原菌。而 50 ℃的高温不会伤害而且有利于乳酸菌、酵母菌、光合作用细菌等益生菌的繁殖。猪进圈前要把床面材料搅翻以便使其散热。材料不同，发酵温度不同。

三、育肥猪导入和发酵床管理

（一）育肥猪导入

一般肥育猪导入时体重为 20 kg 以上，导入后不需要特殊管理。同一猪舍内的猪尽量体重接近，这样可以保证集中出栏，效率高。

（二）发酵床管理

发酵床养猪总体来讲与常规养猪的日常管理相似，但发酵床有其独特的地方，因此平时的管理也有不同的地方。

1. 猪的饲养密度

根据发酵床的情况和季节，饲养密度不同，一般以每头猪占地 1.2~1.5 m² 为宜，小猪可适当增加饲养密度。如果管理细致，更高的密度也能维持发酵床的良好状态。考虑到节约床材和省力，夏季饲养密度可为 1.2 m²/头、冬季可为 1.5 m²/头。

2. 发酵床面的干湿

发酵床面不能过于干燥，一定的湿度有利于微生物繁殖，如果过于干燥还可能会导致猪发生呼吸系统疾病，可定期在床面喷洒益生菌扩大液。床面湿度必须控制在 60% 左右，水分过多应打开通风口调节湿度，过湿部分及时清除。

3. 驱虫

导入前一定要用相应的药物驱除寄生虫，防止将寄生虫带入发酵床，以免猪在啃食菌丝时将虫卵再次带入体内而发病。

4. 密切注意益生菌的活性

必要时要再加入益生菌液调节益生菌的活性，以保证其发酵能正常进行。猪舍要定期喷洒益生菌液。

5. 控制饲喂量

为了便于猪拱翻地面，猪的饲料喂量应控制在正常量的80%。猪一般在固定的地方排粪、撒尿，当粪尿成堆时挖坑埋上即可。

6. 禁止化学药物

猪舍内禁止使用化学药品和抗生素类药物，防止杀灭和抑制益生菌，益生菌的活性降低。

7. 通风换气

圈舍内湿气大，必须注意通风换气。

第二节 猪-沼-竹生态种养模式

一、猪-沼-竹生态种养模式的基本理念

麻竹笋加工废弃物蛋白饲料-猪-沼-竹生态种养模式是以麻竹笋加工废弃物生产植物蛋白饲料和生猪粪便生产沼气为核心，把麻竹种植、生猪养殖和农户生活3个孤立的活动组合成一个开放式的互补系统，使一种生物的废弃物成为另一种生物的养料或生产原料，实现物质循环利用，实现经济、社会和生态环境效益的高度统一。

将麻竹笋加工废弃物通过青贮或氨化生产植物蛋白饲料喂养生猪；猪的排泄物经干捡粪和固液分离后，粪渣固体经过堆积发酵制成有机肥，将其运输至麻竹林等用于基肥或追肥。污水及猪尿进入沼气池厌氧发酵，产生的沼气作为猪场及周边农村居民的

加热能源或用于沼气照明等，沼液则通过专门管道或车辆运输至麻竹林地进行处理。这种模式把麻竹笋加工废弃物作为饲料被生猪取食，再将猪场粪污作为有机肥被种植的麻竹完全吸收利用，麻竹笋加工废弃物和猪场粪污既不会对环境及水源造成污染，又解决了麻竹笋加工废弃物污染环境的突出问题，还解决了麻竹林的有机肥来源问题，可实现变废为宝、环保生态的目的。

二、猪-沼-竹生态种养模式的关键技术

（一）麻竹林选择

按照种养平衡的原则，根据生猪养殖规模，按照每亩麻竹林地承载生猪限量1~3头的要求选择盛产期的麻竹林。

（二）确定猪场规模

按照种养平衡的原则，根据麻竹林地面积和每亩麻竹林地承载生猪限量1~3头的要求确定生猪养殖规模。

（三）猪场建设

猪场选址要求在当地农业、自然资源、林业、生态环境等部门统一规划的适宜养殖区内进行，猪场周围必须要有绿化隔离带或其他防疫措施，最重要的是要有足够面积的配套麻竹林地等进行沼液处理。

（四）沼气配套设施建设

可根据猪场每天产生的沼液量来确定沼气池的容积。沼气池的容量一般按照可容纳9天以上沼液量进行计算。

（五）储液池处理设施建设

储液池按存栏猪 $0.2 \text{ m}^3/$头、稀释池按存栏猪 $0.15 \text{ m}^3/$头的标准进行建造，在每个山坡顶部分别设计储液池和稀释池，盖上顶棚屋顶，防止雨水进入池内，池底防水防漏。储液池建筑总容量不得低于麻竹林生产用肥的最大间隔时间内养猪场排放沼液的

总量。

（六）麻竹林沼液管网铺设

先将主管道接入稀释池中，自稀释池沿麻竹林与等高线垂直方向布设主管道，再按麻竹栽植的株行距用三通分段沿麻竹林与等高线平行方向布设自流管道，至每一丛竹林处用三通安装喷头。

（七）麻竹笋加工废弃物蛋白饲料配方

麻竹笋加工后废弃的笋节添加 5%统糠+3%玉米粉+0.5%甲酸进行青贮，作为生猪的青饲料。

麻竹笋加工后废弃的笋壳添加 5%统糠+3%玉米粉+0.5%甲酸+0.5%尿素进行氨化，作为生猪的氨化饲料。

（八）猪场与麻竹林配套管理技术

1. 合理设计，节约用水

将含有猪粪尿的污水进行固液分离，粪渣固体和人工清粪一道进入大容量堆积池自然发酵成有机肥，集中运输至麻竹林等用于基肥、追肥，减少排水量，减轻粪液处理系统后阶段的压力。

2. 连接沼气池与储液池

通过污水泵和管道将沼气池与储液池相连，当沼气池快满时用污水泵将沼液抽到储液池沉淀，每隔 30 天将储液池中已沉淀的沼液通过稀释池稀释后，启用喷灌系统给麻竹林自动喷施。

三、应用推广及效益

麻竹笋加工废弃物蛋白饲料-猪-沼-竹生态种养模式在重庆市荣昌区双河街道应用推广。据估算，在 500 亩麻竹林周围建立年出栏 750 头的养猪场 2 个，每年利用竹笋加工废弃物生产的植物蛋白饲料喂猪，年可节约饲料成本 36 万元；对养殖污水进行治理，经发酵产生的沼气除可作为猪场的加热能源或用于照明外，还可供给本街道 100 多户居民作为生活燃料和照明用，年可节约能源开支 18 万元；同时在猪场周边 500 亩竹林中铺设管网，将竹林分成 3 个区块轮流喷施沼液，使猪场产生的沼液得到资源化利用，建成了麻竹笋加工废弃物蛋白饲料-猪-沼-竹生态种养模式。施用沼液的麻竹林笋、材、叶、苗比未施用沼液的竹林单产分别提高 150%、10%、10%、100%，每亩收入可达 4 240 多元，增收 1 700 多元。沼渣免费提供给国家现代农业示范区制作有机肥，不仅减少环境污染，还可生产有机食品，真正实现"减量化、资源化、无害化"的治污原则，取得了理想的治污效果，有效地保护了猪场周边的生态环境，确保了养猪业和麻竹生物产业的可持续发展。

第三节　草牧沼鱼综合养牛

草牧沼鱼综合养牛的中心内容是秸秆（草）养牛-牛粪制沼气-沼渣和沼液喂鱼。

一、作物秸秆营养特点

作物秸秆产量多，来源广，是牛等草食动物冬春两季的主要饲料来源，其营养特点如下。

①粗纤维含量高，在 18% 以上，有的甚至超过 30%。

②无氮浸出物（NFE）中淀粉和糖分含量很少，主要是一些半纤维素；NFE 的消化率低，如稻草 NFE 的消化率仅为 45%。

③粗蛋白质含量低，蛋白质品质差，消化率低。

④豆科作物秸秆中一般含钙较多，而磷的含量在各种秸秆中都较低。

⑤作物秸秆含维生素 D 较多，其他维生素的含量都较低。几

乎不含胡萝卜素。

二、秸秆喂牛技术

作物秸秆，如麦秸、玉米秸和稻草等很难消化，其营养价值也很低，直接使用这类秸秆喂牛的效果很差，甚至不足以满足牛维持营养需要。若将这类饲料经过适当的加工调制，就能破坏其本身结构，提高消化率，改善适口性，增加牛的采食量，提高饲喂效果。秸秆加工调制主要有如下方法。

(一) 切短

切短的目的是利于咀嚼，减少浪费并便于拌料。对于切短的秸秆，牛无法挑食，而且适当拌入糠麸时，可以改善适口性，提高牛的采食量。"寸草铡三刀，无料也上膘"是很有道理的。秸秆切短的适宜长度是 3～4 cm。

(二) 制作青贮料

青贮是能较长时间保存青绿饲料营养价值的一种较好的方法。只要贮存得当，可以保存数年而不变质。

青贮可分为一般青贮、低水分青贮和外加剂青贮。这几种青贮的原理，都是利用乳酸菌发酵提高青贮料的酸度，抑制各种杂菌的活动，从而减少饲料中营养物质的损失，使饲料得以保存较长的时间。利用青贮窖、青贮塔、塑料袋或水泥地面堆制青贮饲料时，要求其设备应便于装取青贮料，便于把青贮原料压紧和排净空气，并能严格密封，为乳酸菌活动创造一个有利的环境。

1. 一般青贮方法

我国通常采用窖式青贮法（地下窖、半地下窖等）。窖的四壁垂直或窖底直径稍小于窖口直径，窖深以 2～3 m 为宜。这样的窖容易将原料压紧。原料的适宜含水量为 60%～80%。为便于压实和取用，应将青贮原料铡短为约 1 寸（1 寸 ≈ 3.33 cm）。边装边压实，窖壁、窖角更需压紧。一般小窖可用人工踩踏，大窖可用链轨式拖拉机镇压。

装满后立即封窖。可先在上面铺一层秸秆，再培一层厚约33 cm的湿土并踩实。如用塑料薄膜覆盖，上面再压一层薄土，能保持更加密闭的状态。封窖后3~5天应注意检查，发现下沉时，须立即用湿土填补。窖顶最好封成圆弧形，以防渗入雨水。

2. 低水分青贮法

低水分青贮法又称半干青贮法，这种青贮料营养物质损失较少。用其喂牛，干物质采食量和饲料效率（增重和产奶）分别较一般青贮提高40%或50%以上。低水分青贮料含水量低，干物质含量较一般青贮料多1倍，具有较多的营养物质，适口性好。

制作方法是将原料刈割后就地摊开，晾晒至含水量达50%左右，然后收集切碎装入窖内，其余各制作步骤均与一般青贮法相同。

3. 外加剂青贮法

主要从3个方面来影响青贮的发酵作用：一是促进乳酸发酵，如添加各种可溶性碳水化合物，接种乳酸菌、加酶制剂等，可迅速产生大量乳酸，使pH值很快达到3.8~4.2；二是抑制不良发酵，如添加各种酸类、抑制剂等，可阻止腐生菌等不利于青贮的微生物生长；三是提高青贮饲料营养物质的含量，如添加尿素氨化作物，可增加青贮料中蛋白质的含量。

这3个方面以最后一种方法应用较多。其一般制作方法：在窖的最底层装入50~60 cm厚的青贮原料，以后每层为15 cm，每装一层喷洒一次尿素溶液。尿素在贮存期内由于渗透、扩散等物理作用而逐渐分布均匀。尿素的用量为每吨原料加3~4 kg。其他制作法与一般青贮法相同，窖存发酵期最好在5个月以上。

（三）秸秆的碱化处理

19世纪末，人们就开始用碱处理秸秆来提高消化率的试验。

1895 年法国科学家 Lehmann 用 2%氢氧化钠溶液处理秸秆，结果使燕麦秸秆的消化率从 37%上升到 63%。Beckmann 于 1919 年总结出碱处理的方法：在适宜的温度下，用 1.5%氢氧化钠溶液浸泡 3 天。后来的研究又指出，浸泡时间可缩短到 10~12 h。随着研究的进一步深入，又发展了用氨水、无水氨和尿素等处理秸秆的方法，对提高秸秆的营养价值起到了一定的作用。

碱化处理的原理：秸秆经碱化作用后，细胞壁膨胀，提高了渗透性，有利于酶对细胞壁中营养物质的作用，同时能把不易溶解的木质素变成易溶的羟基木质素，破坏了木质素和营养物质之间的联系，使半纤维素、纤维素释放出来，有利于纤维素分解酶或各种消化酶的作用，提高了秸秆有机物质的消化率和营养价值。麦秸碱化处理后，喂牛消化率可提高 20%，采食量提高 20%~45%。

1. 氢氧化钠处理

用氢氧化钠处理作物秸秆有两种方法，即湿法和干法。湿法处理是用 8 倍秸秆重量的 1.5%氢氧化钠溶液浸泡秸秆 12 h。然后用水冲洗，直至中性为止。这样处理的秸秆保持原有结构与气味，动物喜食，且营养价值提高，有机物质消化率提高 24%。湿法处理有两个缺点，一是费劳力，二是费大量的清水，并因冲洗可流失大量的营养物质，还会造成环境的污染，较难普及。如果改用氢氧化钠溶液喷洒，每 100 kg 秸秆用 30 kg 1.5%氢氧化钠溶液，随喷随拌，堆置数天，不经冲洗而直接饲喂，称为干法。秸秆经处理后，有机物的消化率可提高 15%，饲喂牛后无不良后果。该方法不必用水冲洗，因而应用较广。

2. 氨处理

很早以前，人们就知道氨处理可提高劣质牧草的营养价值，但直到 1970 年后才被广泛应用。为适用不同地区的特定条件，其处理方法包括无水氨处理、氨水处理及尿素处理等。

（1）无水氨处理　氨化处理的关键技术是对秸秆的密封性要好，不能漏气。无水氨处理秸秆的一般方法：将秸秆堆垛起来，上盖塑料薄膜，接触地面的薄膜应留有一定的余地，以便四周压上泥土，使呈密封状态。在垛堆的底部用一根管子与装无水氨的罐相连接，开启罐上的压力表，按秸秆重量的 3% 通进氨气，氨气扩散很快，但氨化速度较慢，处理时间取决于气温。如气温低于 5 ℃，需 8 周以上；5~15 ℃需 4~8 周；15~30 ℃需 1~4 周。氨化到期后，要先通气 1~2 天，或摊开晾晒 1~2 天，使游离氨挥发，然后饲喂。

（2）氨水处理　用含量 15% 的农用氨水氨化处理，可按秸秆重量 10% 的比例把氨水均匀喷洒于秸秆上，逐层堆放，逐层喷洒，最后将堆好的秸秆用薄膜封紧。

（3）尿素处理　尿素使用起来比氨水和无水氨都方便，而且来源广。由于秸秆里存在尿素酶，尿素在尿素酶的作用下分解出氨，氨对秸秆进行氨化。一般每 100 kg 秸秆加 1~2 kg 尿素，把尿素配制成水溶液（水温 40 ℃），趁热喷洒在切短的秸秆上面，密封 2~3 周。如果用冷水配制尿素溶液，则需密封 3~4 周。然后通气 1 天就可饲喂。

秸秆经氨处理后，颜色棕褐色，质地柔软，牛的采食量可增加 20%~25%，干物质消化率可提高 10%，其营养价值相当于中等质量的干草。

（四）优化麦秸技术

小麦秸用于喂牛虽有多年历史，但原麦秸营养价值低，粗纤维含量高，适口性差，饲喂效果不够理想。

莱阳农学院（现青岛农业大学）研制出一种利用高等真菌

直接对小麦秸优化处理的生物学处理方法。经过多年试验，初步筛选出比较理想的莱农 01 和莱农 02 优化菌株，并研究出简便易行的优化生产工艺。结果表明，高等真菌优化麦秸后，不仅使纤维素和木质素降解，而且使高等真菌的酶类与秸秆纤维产生一系列生理生化和生物降解与合成作用，从而使小麦秸的粗蛋白质和粗脂肪的含量大幅度提高，而粗纤维的含量则显著下降。

优化麦秸的方法：将质量较好的麦秸放入 1%~2% 的生石灰水中浸泡 20~24 h，以破坏麦秸本身固有的蜡质层，软化细胞壁，使菌丝容易附着。捞出麦秸后，空掉多余的水分，使麦秸的含水量在 60% 左右。然后采用大田畦沟或麦秸堆垛方式进行菌化处理，每铺 20 cm 厚的麦秸，接种一层高等真菌，后封顶，防止漏水。一般经 20~25 天的菌化时间，菌丝即长满麦秸堆，晒干后即可饲喂。

据试验，用优化麦秸喂牛，牛采食量大，生长发育好，平均日增重为 681 g，比氨化麦秸和原麦秸分别提高 216 g 和 304 g。

三、沼液喂鱼技术

搞好养猪、养鸡和养牛业的同时，利用沼肥养鱼，是解决渔业肥料来源、降低生产成本、充分利用各种资源、加快系统内能量和物质的流动、净化环境、提高经济效益和生态效益的一种新途径，也是生态渔业的一种新模式。

湖南省平江县三兴水库是一座小型水库，库容 140 万 m^3，灌田 3 035 亩，养鱼水面 73 亩。1980 年开始养鱼，到 1984 年止，5 年共产鱼 3 万 kg，年均亩产 82 kg。1985 年建起沼气池，利用沼肥养鱼，至 1987 年，3 年平均亩产鱼 157 kg，比前 5 年每亩增产 75 kg。1985 年该库为了增强渔业后劲，进一步发展养猪、养鸡业，开辟新的肥料来源。平均每亩水面配养猪 1.5 头，共养猪 100 多头，年产粪 25 t；年养鸡 5 000 只，产粪 45 t。建容积为 47 m³ 的沼气池 1 个，大部分人畜粪先入池制作沼气。沼渣、沼水下库养鱼，形成猪粪、鸡粪制沼气，沼肥养鱼生态循环模式，使鱼产量大幅度提高，成本下降。

利用人畜粪制取沼气有 3 个方面的优点。一是肥料效率提高。人畜粪在沼气池中发酵，除产生沼气外，在厌氧情况下产生大量的有机酸，把分解出来的氨态氮溶解吸收，减少了氮损失，因而提高了肥效。二是肥水快。肥料在沼气池中充分发酵分解，投入库中能被浮游植物直接利用，一般施肥后 3~5 天水色发生明显变化，浮游生物迅速繁殖，达到高峰。比未经沼气池发酵直接投库的肥料提早 4 天左右。三是鱼病减少。投喂沼渣和沼水后，鱼病很少发生。

实践证明，库区发展养牛、养猪、养鸡，用其粪便和杂草制沼气，沼渣、沼水养鱼，是解决水库养鱼饲料来源的有效措施，也是生态渔业的一种模式，其特点是各个环节有机结合，互补互利，形成一个高效低耗、结构稳定可靠的水陆复合生态系统。

第四节　设施蔬菜-蚯蚓种养循环

一、技术概述

在蔬菜绿色生产栽培过程中，搭配设施菜田蚯蚓养殖改良土壤技术，通过合理的茬口搭配（如蚯蚓-黄瓜-绿叶菜茬口、番茄-绿叶菜-蚯蚓茬口、蚯蚓-绿叶菜茬口），达到土壤绿色可持续生产和蔬菜品质效益双提升的目的。可有效降低蔬菜复种指数，使设施土壤得到休闲，有效解决蔬菜长期连作造成的连作障碍、次生盐渍化、土传病虫害以及土壤质量退化问题，保障蔬菜生产安全、农产品质量安全和农业生态环境安全，促进农业增产增效、农民增收。它的实施有益于提高蔬菜绿色生产水平，有益于保障农产品的质量安全。

通过设施蔬菜-蚯蚓种养循环绿色高效生产技术实施，设施菜田土壤有机质含量提高5%以上，土壤容重下降10%，化肥使用量减少28.7%~54.5%，土壤质量得到有效提升，生态环境得到有效改善，蔬菜品质得到显著提高。该技术模式既解决了蔬菜废弃物对环境的污染问题，又实现了就地取材生产有机肥，同时还可改良土壤，达到土壤质量保育的目的。

二、技术要点

选用高产、优质、抗病品种，培育健康壮苗，采取绿色防控综合防治措施，提高蔬菜丰产能力，增强对病、虫、草害的抵抗力，改善蔬菜的生长环境。科学合理搭配蚯蚓养殖改良土壤技术，选择春秋季进行2~3个月的蚯蚓养殖，注意饵料制备、养殖床铺设、种苗投放、环境调控、蚯蚓收获及蚓粪还田改良土壤等关键技术步骤。

（一）科学栽培

1. 品种选择

选用适合本地区栽培的优良、抗病品种，黄瓜选用申青、碧玉系列品种，番茄选用金棚一号、浦粉一号、浙粉202以及长征908等品种，绿叶菜可根据季节和生产需要选择华王、新场青、苏州青、华阳等青菜，早熟5号、好运快菜等杭白菜，黄心芹、美丽西芹等芹菜或者广东菜心、米苋等新优品种。

2. 培育壮苗

采用营养钵或穴盘育苗，营养土要求疏松通透，营养齐全，土壤酸碱度中性到微酸性，不能含有对秧苗有害的物质（如除草剂等），不能含有病原菌和害虫。建议使用工厂化生产的配方营养土。

苗期保证土温在 18~25 ℃，气温保持在 12~24 ℃，定植前幼苗低温锻炼，大通风，气温保持在 10~18 ℃。

3. 水肥一体化技术

茄果类、瓜类等长周期作物采用比例注肥泵+滴灌水肥一体化模式，选用高氮型和高钾型水溶肥料，视作物生长情况追肥 4~8 次，高氮、高钾肥料交替使用。绿叶菜类蔬菜根据生长情况追施 1~2 次高氮型水溶肥料，采用比例注肥泵+喷灌的水肥一体化模式。

4. 清洁田园

及时中耕除草，保持田园清洁。蔬菜废弃物进行好氧堆肥资源化利用。

（二）设施菜田蚯蚓养殖技术

1. 饵料制备

（1）配制原则　饵料配制碳氮比应合理，一般为 20~30。以牛粪+蔬菜废弃物堆制为佳，也可采用猪粪、羊粪等其他畜禽粪便+蔬菜废弃物经堆沤后作饵料。饵料投放前必须进行堆沤发酵。如果将未经发酵处理的饵料直接投喂蚯蚓，蚯蚓会因厌恶其中的氨气等有害气体而拒食，继而因饵料自然发酵产生高温（可达 60~80 ℃）并排出大量甲烷、氨气等导致蚯蚓纷纷逃逸甚至大量死亡。

（2）发酵条件　养殖蚯蚓的饵料发酵一般采取堆沤方法，堆沤发酵需满足 3 个条件。一是通气。在堆沤发酵时必须要有良好的通气条件，可促进好氧微生物的生长繁殖，加快饵料的分解和腐败。二是水分。在堆沤饵料时，饵料堆应保持湿润，最佳湿度为 60%~70%。三是温度。饵料堆内的温度一般控制在 20~

65 ℃。pH 值以 6.5~7.5 为宜。

（3）堆沤操作　如有条件，应在堆场进行饵料堆沤。料堆的高度控制在 1.2~1.8 m，宽度约 3 m，长度不限。高温季节，堆沤后第二天料堆内温度即明显上升，表明已开始发酵，4~5 天后温度可上升至 70 ℃左右，然后逐渐降温，当料堆内部温度降至 50 ℃时，进行第一次翻堆操作。翻堆操作时，应把料堆下部的料翻到上部，四边的料翻到中间，翻堆时，要适量补充水分，以翻堆后料堆底部有少量水流出为宜。第一次翻堆后 1~2 天，料堆温度开始上升，可达 80 ℃左右，6~7 天后，料温开始下降，这时可进行第二次翻堆，并将料堆宽度缩小 20%~30%。第二次翻堆后，料温可维持在 70~75 ℃，5~6 天后，料温下降，进行第三次翻堆并将料堆宽度再缩小 20%，第三次翻堆后 4~5 天，进行最后一次翻堆，正常情况下 25 天左右便可完成发酵过程，获得充分发酵腐熟的蚯蚓饲料。

（4）质量鉴定　发酵好的粪料呈黑褐色或咖啡色，质地松软，不黏滞，即为发酵好的合格饵料。一般最常用的饵料鉴定方法为生物鉴定法。具体操作方法：取少量发酵好的饵料，在其中投入蚯蚓 200 条左右，如半小时内全部蚯蚓进入正常栖息状态，48 h 内无逃逸、无死亡，表明饵料发酵合格，可以用于饲养蚯蚓。

2. 养殖床铺设

设施大棚前茬蔬菜清园后可进行养殖床铺设，一般应选择已发生连作障碍的大棚进行。养殖床铺设一般沿着大棚的长度方向进行，养殖床长度以单个大棚实际长度为准，饵料铺设宽度在 2~3 m，厚度 15~20 cm，饵料铺设应均匀。单个大棚一般铺设 2 条，中间留 1 条过道；也可作 1 条，居中，宽度 4~6 m。养殖床的设置应以方便操作为原则。若直接采用新鲜牛粪或干牛粪铺设养殖床，应在铺设后，密闭大棚 15 天，7 天左右进行 1 次翻堆，确保牛粪充分发酵。饵料投放量不少于 15 t/亩。

3. 种苗投放

选择比较适宜当地环境条件或有特殊用途的蚯蚓种苗进行养殖，一般选择太平 2 号或北星 2 号等。蚯蚓种苗的投入量不少于 100 kg/亩。蚯蚓投放前将养殖床先浇透水，然后将蚓种置于养殖床边缘，让蚯蚓自行爬至养殖床。

4. 养殖管理

（1）及时翻堆　养殖过程中应保持床土的通气性，及时对养殖床进行翻堆 2~3 次。

（2）水分管理　注意养殖床上层透气、滤水性良好、适时浇水，保持适宜湿度约 65%（手捏能成团，松开轻揉能散开）。夏季（5—9 月）温度较高，蒸发较快，每天浇 2 次水，早晚各 1 次，每次浇透即可，可采用喷淋装置进行淋水。7—8 月易出现连续高温，建议蚯蚓养殖尽量避开这段时间。其他季节温度低，蒸发慢，每隔 3~4 天浇 1 次水，早上或傍晚均可。

（3）温度与光照控制　夏季应用多层遮阳网覆盖，并采取浇水、覆盖稻草等方式来降低棚内温度。同时，应打开大棚两边的门以及四边的卷膜，以此增加空气流动，降低棚内温度。冬季低温时，压实四边卷膜，晚上关闭大棚两边的门，白天打开两边门，增加空气流通。整个养殖期间应保持蚯蚓适宜的生长温度。一是覆盖遮阳网。蚯蚓喜欢阴暗的环境，养殖蚯蚓大棚必需遮盖遮阳网，创造阴暗环境并在夏季降低棚内温度。取遮阳网均匀盖在大棚顶膜上，四周固定，防止大风刮落，一般盖 1~2 层，以降低温度。养殖床上再遮盖一层遮阳网，创建阴暗潮湿的环境，以利于蚯蚓取食、活动。二是覆盖干稻草或秸秆。在整个养殖过程中可以在养殖床上盖一层干稻草或秸秆，厚度约 5 cm，夏天可以遮阴，降低温度，冬天可以起到保温作用，还可以避免浇水时的直接冲刷。

（4）蚯蚓病虫害防治 一是病害防治。蚯蚓的病害一般为生态性疾病，比如毒素或毒气中毒症、缺氧症。管理过程中应注意基料发酵的完全性、养殖床的透气性和蚯蚓养殖环境的通风性。二是虫害防治。蚯蚓的虫害一般为捕食性天敌，如鼠、蛇、蛙、蚂蚁、蜈蚣、蝼蛄等。可根据其活动规律和生理习性，本着"防重于治"的原则，有针对性地进行防治，如堵塞漏洞、加设防护罩等。一旦发现，可人工诱集捕杀。

5. 蚯蚓收获

整个养殖周期自蚯蚓投放后不少于3个月，冷凉季节应适当延长养殖时间。养殖满3个月左右可进行蚯蚓收获。蚯蚓收获方法：在蚯蚓养殖床表面或两边添加一层新饵料，1~2天后，将蚯蚓床表面10 cm或床边上的蚓料混合用叉子挑到之前铺好的塑料薄膜或地布上，利用蚯蚓的惧光性一层一层地将表面的基料剥离，最后可得到纯蚯蚓。

6. 蚓粪还田改土

一般每亩可收获蚓粪3 t左右。养殖结束后一般可采用以下两种方法进行土壤改良。一是使用旋耕机直接将蚯蚓和蚓粪翻入土中，进行改良土壤，后茬种植蔬菜；二是收获蚯蚓后再用旋耕机将蚓粪翻耕入土，进行改良土壤，后茬种植蔬菜。

（三）绿色高效茬口

1. 蚯蚓-黄瓜-绿叶菜茬口

（1）茬口安排 共包括3茬。

第一茬：养殖蚯蚓。1—4月在大棚内养殖蚯蚓，沿着垂直于大棚长的方向铺设2条蚯蚓养殖床，每条宽度2~3 m，厚度10~20 cm，中间过道宽度1.5~2 m。为了保证蚯蚓养殖过程中的温湿度，大棚顶膜上需铺设一层遮阳网，棚内配备 2 条喷灌带。养殖床上投放蚯蚓种苗，每亩 100 kg。冬季养殖床面上要铺设一层稻壳或稻草以保温，蚯蚓饵料采用牛粪：蔬菜废弃物秸秆 = 2：1 的比例进行配制并发酵 10~15 天，每亩用量 15 t 以上。养殖 3~4 个月后每亩留 1 000 kg 左右的蚓粪作为下茬作物的基肥，将蚯蚓及余下蚓粪转移到其他棚内进行土壤改良。

第二茬：种植黄瓜。5 月在养殖过蚯蚓的棚内定植黄瓜。根据黄瓜长势于 6 月底开始采收，到 8 月中旬采收结束。黄瓜种植过程中，基肥使用 1 000 kg/亩的蚯蚓粪肥 + 30 kg/亩复合肥，可以较常规化肥用量（50 kg/亩）减少 40% 左右。在黄瓜后续生长过程中，采用比例式注肥泵 + 滴灌的水肥一体化模式，根据长势，适当追施 4~8 次水溶肥，直至采收结束。生产过程中采用"防虫网 + 诱虫板"的绿色防控技术。

第三茬：种植绿叶菜。根据生产安排和市场需求，种植 1~2 茬绿叶菜。以青菜为例，第一茬青菜可于 9 月定植、10 月底采收。种植前施入蚯蚓肥 500 kg/亩左右 + 15 kg 复合肥。第二茬青菜于 10 月底定植，11 月底至 12 月上旬采收。此茬青菜种植只需施入 15~20 kg/亩的复合肥即可。生产过程中视蔬菜生长情况追施 1~2 次高氮型水溶肥料，采用比例注肥泵 + 喷灌的水肥一体化模式。栽培管理中采用"防虫网 + 诱虫板"的绿色防控技术，并推荐使用生物农药。

（2）化肥减量　蚯蚓养殖可降低蔬菜复种指数，减少 1 茬蔬菜种植。蚯蚓养殖改良土壤后，黄瓜基肥中化肥用量（30 kg/亩）较常规生产（50 kg/亩）减少 40%，追肥采用水肥一体化模式，可减少化肥用量 15%。青菜生产中基肥化肥用量（15 kg/亩）较常规生产（20 kg/亩）减少 25%，追肥化肥用量减少 10%。综合计算，该茬口模式较常规生产全年可减少化肥用量54.5%。

2. 番茄-绿叶菜-蚯蚓茬口

（1）茬口安排　共包括3茬。

第一茬：番茄。3月上旬定植番茄，可选择浦粉、金棚一号、欧曼等优良品种。根据番茄长势于5月底开始采收，到7月中旬采收结束。番茄种植过程中，基肥使用1 000 kg/亩的蚯蚓粪肥+30 kg/亩复合肥，较常规生产复合肥用量减少40%左右。在番茄生产过程中，采用比例注肥泵+滴灌的水肥一体化模式，根据长势，适当追施4~6次水溶肥，直至采收结束。生产过程中全程采用"防虫网+诱虫板"的绿色防控技术。

第二茬：绿叶菜。根据生产安排和市场需求，种植1~2茬绿叶菜。以青菜为例，第一茬青菜可于8月直播，9月采收。种植前施入蚯蚓肥500 kg/亩左右+复合肥15 kg。第二茬青菜于9月定植，10月采收。此茬青菜种植时只需施入15~20 kg/亩的复合肥即可。生产过程中视蔬菜生长情况追施1~2次高氮型水溶肥料，采用比例注肥泵+喷灌的水肥一体化模式。栽培管理中采用"防虫网+诱虫板"的绿色防控技术，并推荐使用生物农药。

第三茬：养殖蚯蚓。11月至翌年2月在大棚内养殖蚯蚓，沿着垂直于大棚长的方向铺设2条蚯蚓养殖床，每条宽度2~3 m，厚度10~20 cm，中间过道宽度1.5~2 m。为了保证蚯蚓养殖过程中的温湿度，大棚顶膜上需铺设一层遮阳网，棚内配备2条喷灌带。养殖床上投放蚯蚓种苗，每亩100 kg。冬季养殖床面上要铺设一层稻壳或稻草以保温，蚯蚓饵料采用牛粪∶蔬菜废弃物秸秆=2∶1的比例进行配制并发酵10~15天，每亩用量15 t以上。养殖3~4个月后每亩留1 000 kg左右的蚯蚓粪作为下茬作物的基肥，将蚯蚓及余下蚯蚓粪转移到其他棚内进行土壤改良。

（2）化肥减量 蚯蚓养殖可降低蔬菜复种指数，减少1茬蔬菜种植。蚯蚓养殖改良土壤后，番茄基肥中化肥用量（30 kg/亩）较常规生产（50 kg/亩）减少40%，追肥采用水肥一体化模式，可减少化肥用量15%。青菜生产中基肥化肥用量（15 kg/亩）较常规生产（20 kg/亩）减少25%，追肥化肥用量减少10%。综合计算，该茬口模式较常规生产全年可减少化肥用量54.5%。

3. 蚯蚓-绿叶菜茬口

（1）茬口安排 共包括2茬。

第一茬：养殖蚯蚓。1—4月在大棚内养殖蚯蚓，沿着垂直于大棚长的方向铺设2条蚯蚓养殖床，每条宽度2~3 m，厚度10~20 cm，中间过道宽度1.5~2 m。为了保证蚯蚓养殖过程中的温湿度，大棚顶膜上需铺设一层遮阳网，棚内配备2条喷灌带。养殖床上投放蚯蚓种苗，每亩100 kg。冬季养殖床面上要铺设一层稻壳或稻草以保温，蚯蚓饵料采用牛粪：蔬菜废弃物秸秆=2：1的比例进行配制并发酵10~15天，每亩用量15 t以上。养殖3~4个月后每亩留500 kg左右的蚯蚓粪作为下茬作物的基肥，将蚯蚓及余下蚓粪转移到其他棚内进行土壤改良。

第二茬：绿叶菜。根据生产习惯和市场需求，种植3~5茬绿叶菜。以青菜为例，第一茬青菜可于5月种植，6月底采收。种植前施入蚯蚓肥500 kg/亩左右+复合肥15 kg左右。第二茬青菜可于7月初种植，7月底至8月上旬采收。此茬青菜种植只需施入15~20 kg/亩的复合肥即可。此后可根据市场及生产安排跟种1~3茬绿叶菜，如杭白菜、生菜、芹菜等。生产过程中视蔬菜生长情况追施1~2次水溶肥，采用比例注肥泵+喷灌的水肥一体化模式。栽培管理中采用"防虫网+诱虫板"的绿色防控技术，并推荐使用生物农药。

（2）化肥减量 蚯蚓养殖可降低蔬菜复种指数，减少1~2
茬蔬菜种植。蚯蚓养殖改良土壤后，绿叶菜生产基肥中化肥用量
（15 kg/亩）较常规生产（20 kg/亩）减少25%，追肥采用水肥
一体化模式，可减少化肥用量10%。综合计算，该茬口模式较常
规生产全年可减少化肥用量28.7%。

第五节 生态循环养殖模式实例

一、猪睡"高架床"养殖标准化

近年来，重庆市万州区紧紧围绕"产业生态化、生态产业
化"的发展思路，致力于破解养殖污染难题，稳定生猪产能，通
过实施"有机农业产业化100万头生态猪养殖项目"，探索出一
条生猪产业绿色发展之路。同时，引入人才和科技力量，为生猪
产业的高质量发展注入了强大动力。

在万州区高梁镇天鹅村奇昌养猪场，可以看到圈舍干净整
洁，几百头猪睡在"网床"上，圈舍没有污水，也几乎没有
臭味。

"自从采用架网床养殖以后，节省了不少人力，同时猪圈干
净多了，疾病发生率也降低了。"据奇昌养猪场负责人介绍，该
猪场采取的是"低架网床+益生菌+异位发酵"养殖技术，让生
猪排出的粪便从安装的网孔漏下去，下方安装刮粪机，待粪积累
到一定数量后将其刮出去进行发酵。

据了解，100万头生猪生态养殖项目自3年前开始实施，在
实施过程中，万州区农业农村委制定了《生猪生态养殖场建设标
准》。奇昌养猪场的异位发酵床设计正是出自该标准。此外，该
标准还对养殖单元的"功能分区、圈舍设计、生产区设施设备"

等细节做了详细规定。

四川德康农牧科技有限公司是落实 100 万头生猪生态养殖项目的企业主体之一。据了解，该公司目前与万州区当地的家庭农场合作，共同推进生猪养殖业发展。由该公司统一提供种猪、饲料、兽药、技术等，并统一回收育肥猪，家庭农场的员工则成了代养人，负责具体养殖。

万州区财政按每个养殖单元 40 万元奖补村集体经济组织、入股家庭农场。目前，100 万头生猪生态养殖项目建设标准化养殖单元 800 余个，已经实现了新增 100 万头生猪产能的目标。

标准化的养殖单元，不需要太多的人工，降低了把病菌带入猪场的概率，营造了干净卫生的环境，提高仔猪的育成率，比传统的养殖轻松多了，收益也更有保证。

据一个养殖户介绍，他参与了 4 个养殖单元，一个养殖单元常年存栏能繁母猪 50 头以上，年出栏 1 250 头以上，每头获得 200~300 元的代养费。这笔账算下来，养殖户的收益十分可观。

（资料来源：潇湘晨报，2022 年 2 月 21 日）

二、农业园内粪污变沼气

河北省衡水市安平县京安现代农业园区，年产种猪 8 万头，出栏商品猪 26 万头。这么大的养殖规模，走进园区却看不见一点儿粪污的踪影，也闻不到异味。

园区的粪污去哪儿了？在绿树成荫的园区内，数个大型厌氧发酵罐引人注目，应用专利预处理技术，粪污在这里面发酵产生沼气。

据河北京安肥业科技有限公司负责人介绍，安平县通过专门的运输合作社，将县内规模养殖场的粪污送到其运营的粪污集中处理中心进行发酵处理，年产 657 万 m^3 沼气，每年能发

1 500 余万 kWh 的绿电。沼气发电项目产生的沼渣、沼液，通过管线输送到园区有机肥厂进行固液分离，沼渣加工成固体有机肥，沼液加工成液体有机肥，整个园区废水废物零排放，实现了"畜禽粪污-沼气-电-热-有机肥-农作物-饲料-养殖"绿色种养循环农业发展模式。

在园区的有机肥厂，打包好的肥料正源源不断地输送下线，被机器手臂一包一包地抓起来，整齐地堆放在一旁，工人们正将包装好的固体和液体肥料装车外销。

该有机肥厂一年的产能约为 25 万 t，能够满足 30 多万亩农作物的有机肥需求。目前，厂内有机肥采用订单式销售模式，除了供应省内，河南、山东、新疆、云南等地的订单也非常多。肥料中含有氨基酸、赤霉素等有机物质，可以有效改良土壤结构、防治农作物病虫害。

从畜牧企业到建设能源公司，再到全产业链的农业企业，这几年河北京安肥业科技有限公司的角色转换，是安平县现代农业绿色发展的一个缩影。

安平县是全国生猪调出大县，全年生猪出栏 80 多万头。近年来，为破解生猪养殖产业带来的环境污染问题，安平县建立粪污资源化利用机制、市场运营模式、政策支持体系，实现了全县的养殖粪污和农林废弃物资源化利用，形成了"畜-沼-粮-热-气-电-肥"循环农业体系。

依托河北京安肥业科技有限公司，安平县建设大型沼气工程和粪污收贮运体系，改进养殖场（户）粪污处理设施，实现养殖粪污有部门管、有企业收运处理、有农户利用，打通了种植和养殖两大产业，培育出了一个新型的农业废弃物治理产业。

2021 年，安平县实施了绿色种养循环农业试点项目，实施面积 10 万亩耕地，项目涉及商品有机肥采购及物化补贴、沼液肥（畜禽粪污收集处理）配送还田服务补贴和试验检验 3 部分。

在项目实施过程中，安平县对全县粪污集中收集，通过厌氧发酵预处理，形成沼渣、沼液后再进行无害化、肥料化加工，形成沼液肥，利用 20 余台沼液肥罐车和县域内 58 座液肥加液站，根据农户的需要，通过罐车作业喷洒或送至加肥罐，通过水肥一体化系统，施用到地，改良 10 万亩农田土壤质量，补齐从养殖到种植的关键循环，完成粪肥到农田的"最后一公里"。

据安平县农业农村局相关负责人介绍，绿色种养循环农业试点项目在养殖废污资源利用和果蔬有机肥替代化肥两个项目基础上，以绿色发展、种养循环理念为引领，通过粪肥增加了土壤有机质含量，打通了种养循环关键点，通过粪肥还田，在一定程度上减少了化肥的施用，带动影响了周边农户发展绿色、有机蔬菜种植，改善了农村的生活环境，推动了农业绿色高质量发展。

（资料来源：河北日报，2022 年 5 月 12 日）

第四章 林下绿色种养模式

第一节 林下种植技术

一、林下花生

花生，又名长生果、落花生等，为豆科落花生属一年生草本植物，是优质食用油的主要原料之一。抓住林果前3年树木基本形不成遮光的特点，在幼林下种植花生等低秆作物，形成林果-作物特色农业种植模式，可缓解发展林果收益慢、周期长、投入大等问题，实现林下种植多种经营及综合发展，可提高土地利用率及经济林的产出，增加农民收入，拓宽农民增收渠道。

（一）选用良种

合理密植的花生要高产，良种是基础。首先要选择适合幼林下种植的花生品种。选用的种子要饱满、整齐、无破损。在剥壳前要进行晾晒处理。剥壳后选择形状整齐、粒色纯正的籽粒作种。

（二）施足基肥

花生比较耐瘠薄，且自身有固氮能力，所以施肥应以基肥为主，如果能够一次性施好施足基肥，一般可以少追肥或不追肥。结合深翻整地，一般基肥每亩施农家肥 3 000 kg，同时施入磷酸二铵 10~25 kg。

（三）适时播种，合理密植

一般 5 cm 深地温稳定在 12 ℃以上即可播种。花生的种植密度要根据当地气候、地力、品种和栽培条件而定。林下花生一般每亩种植 9 000~10 000 穴，每穴 2 粒，即每亩种植 18 000~20 000 株。

（四）科学管理

1. 清棵壮苗

在花生齐苗后进行第一次中耕，用锄头将幼苗周围的土向四周扒开，使 2 片子叶和第一对侧枝露出土面，以利于幼苗的第一对侧枝健壮发育，形成健壮幼苗。

2. 中耕除草

分别在苗期、团棵期、花期进行 3 次中耕除草。除草时要掌握"先浅后深再浅"的原则，苗期中耕防止壅土压苗，花期中耕防止损伤果针。

3. 控棵增果

花生开花后，要防止水肥不足引起的植株早衰和高产田土壤肥力较高引起的植株徒长。在这一阶段应及时进行深锄扶垄培土，以便果针入土结实。如果发现有过早封垄现象，要及时叶面喷施 0.50% 矮壮素溶液，抑制徒长。

4. 适时追肥

花生苗期，当土壤贫瘠、基肥不足，造成幼苗生长不良时，应早追施苗肥，促苗早发。中后期随着根瘤菌固氮能力的增强，自身固氮量可基本满足其生长需要，因此氮肥用量不宜过多，以追磷、钾、钙肥为主，以免引起徒长。到生长后期，随着根系的衰老，喷施叶面肥效果十分明显。叶面喷施磷肥，可促进荚果充实饱满。

（五）病虫害防治

1. 花生锈病

一是选种抗（耐）病品种，如粤油 22、粤油 551、汕油 3 号、恩花 1 号、红梅早、战斗 2 号、中花 17 等。二是因地制宜调节播期，合理密植，及时中耕除草，做好排水沟，降低田间湿度。改大畦为小畦，同时增施磷、钾肥。三是清洁田园，及时清除病蔓及自生苗。四是药剂防治，发病初期喷洒 75% 百菌清可湿性粉剂 500 倍液，或 1∶2∶200 波尔多液，或 15% 三唑醇可湿性粉剂 1 000 倍液，每亩用兑好的药液 60~75 L。喷药时加入 0.2% 洗衣粉等展着剂有增效作用。第一次喷药适期为病株率小于 50%、病叶率小于 5%、病情指数小于 2 时。

2. 花生青枯病和根结线虫病

部分集中产区花生青枯病和根结线虫病发生很严重。合理轮作是有效的防治方法。

3. 花生病毒病

花生病毒病主要有丛枝病、花叶病和矮缩病。丛枝病在我国东南沿海地区较严重，发病时果针不向地反而向上呈钩状，俗称"花生公"。花叶病和矮缩病北方较多。春花生提早播种，秋花生延迟播种，有避病效果。

4. 其他病害

早斑病、晚斑病发病较晚，对植株生长发育的影响是慢性的，由于花生此时已进入成熟期，很易忽视其为害。其他如根腐病、小菌核病、壳腐病、冠腐病、叶腐病等也有发生。一般用轮作换茬、选择抗病品种、精选种子、加强管理、注意排水等综合性措施进行防治。

5. 虫害

花生的害虫很多。地下害虫有蛴螬、蝼蛄、地老虎和种蝇等，用毒土、毒谷、诱饵防治均有效。苜蓿蚜虫、棉铃虫、斜纹夜蛾和卷叶虫等都为害叶片，可用药剂防治。斜纹夜蛾有趋光性，可诱杀。

（六）收获

花生成熟的时间不太一致。可以根据不同的花生品种特性和商品用途灵活掌握。一般集中在每年的 8—10 月。4 月上旬播种的花生，在 8 月 20 日前后可以采收。花生成熟时，植株中下部的叶片转黄，并且脱落。拨开土层之后，可以看到花生的果壳硬化。剥开荚果，内壁颜色由白色转变成褐色，颗粒饱满、光润。这时即可收获。

收获后晾晒，促进后熟，提高籽实成熟度。晒干以后，要拣出秕果、变色果、病虫果，于通风干燥处贮藏或榨油。留种花生须在霜前收获晾晒。

二、林下大豆

大豆是豆科大豆属一年生草本植物。全国各地均有栽培。大豆营养全面，含量丰富，其中蛋白质的含量比猪肉高 2 倍，是鸡蛋的 2.5 倍。在幼树期，树行之间可以种植大豆，既培肥地力又产生效益。林下间种大豆不仅能提高光、热、水、气、土、肥等的利用率，还能充分挖掘时间和空间的潜力，达到增收的目的。林下种植大豆有利于保护耕地、减少水土流失、培肥地力，建设生态农业，促进农业可持续发展。

（一）品种选择

林下种植大豆，宜选择株高适宜、抗倒性好、株形宝塔形、叶片较厚、分枝少、不裂荚、底荚高度高于 15 cm、成熟落黄性好、籽粒商品性好的大豆品种，如石豆 2 号、石豆 11、邯豆 11、邯豆 5 号、邯豆 6 号、邯豆 8 号等。

（二）施足基肥

播种前施基肥，可促进大豆幼苗生长和幼茎较快木质化，以利于壮苗抗病。一般每亩施腐熟有机肥 1 500~2 000 kg、复合肥 40 kg 作基肥。

（三）适期早播、足墒下种

大豆适宜播期 6 月 10—25 日，播种深度 3~5 cm，土壤水分较差时适当深一点，水分充足时要浅一点。每亩播种量 5 kg 左右，行距 40~50 cm，株距 8~10 cm。播种时，土壤水分应达到田间持水量的 70% 左右。一般应于播种前 1 周浇水造墒，也可在雨后播种或播后喷灌。

（四）适期控旺、追肥，防止后期干旱

大豆初花期可根据植株长势、天气情况适当控旺。

豆株初花期营养生长与生殖生长同时并进，此时植株根系的根瘤菌释放的氮素不能满足其生长需要，需追施氮肥以促进花的发育和幼荚生长。一般趁雨每亩施尿素 3.5~5 kg，植株生长过旺可酌情减量或不施尿素。叶面喷肥分别于大豆苗期和开花前期，选用 0.05%~0.1% 钼酸铵溶液或 2% 过磷酸钙溶液，每亩用量 50 kg，并加磷酸二氢钾 150 g、尿素 100 g，喷雾，每隔 7 天 1 次，连续 3 次，正反叶面都喷湿润，以扩大吸收面，增进吸收，提高肥效，使增产显著。

（五）化学除草及病虫害防治

1. 适期化学除草

播种后 1~3 天芽前土壤封闭，要求畦面平整，土细均匀，无大小明暗堡，土壤潮湿。每亩用 50% 乙草胺乳油 100~150 mL，兑水 30 kg 喷雾；也可在豆苗 1~3 片复叶期，各类杂草 3~5 叶期，每亩选用 15% 精喹禾灵乳油 75 mL 加 250 g/L 氟磺胺草醚水剂 50~60 mL，若莎草生长多的地块加 480 g/L 灭草松水剂

100 mL，兑水 50 kg，茎叶喷雾。为了确保化学除草质量，一定要准量用药、准量兑水，适期化除，防止重喷、漏喷。

2. 科学用药治虫

（1）苗期治虫　苗期主要防治地下害虫、蓟马、二点委夜蛾幼虫等。于地老虎 1~3 龄幼虫期，选用 90% 敌百虫晶体 800~1 000 倍液、40% 辛硫磷乳油 800 倍液、50% 杀螟硫磷乳油 1 000~2 000 倍液、2.5% 溴氰菊酯乳油 3 000 倍液喷雾防治。

（2）花荚期治虫　花期注意防治点蜂缘蝽、盲蝽、棉铃虫，药剂可参考苗期治虫，并且在第一次喷施后 10~15 天，进行第二次喷药。

（3）鼓粒期治虫　重点防治点蜂缘蝽、盲蝽、造桥虫、大豆食心虫等为害，使用药剂可参考苗期治虫。

在只对大豆进行喷药的情况下，田间的林木就成为害虫的"安全岛"，因此建议在喷药的同时对林木也一起喷药，彻底杀灭害虫。每次喷药药液中加入磷酸二氢钾，可提高茎秆韧性和籽粒商品性。

3. 大豆"症青"

近几年在多地发生大豆"症青"病害，症状表现为染病的植株叶片肥厚，结有豆荚但不鼓粒，后期无熟相，甚至到霜降节气以后叶片不发黄、不落叶，在田间点片发生，严重时整个地块发生，导致绝收。这种病害的发病机制尚不清楚，但是已经证实和点蜂缘蝽、盲蝽等刺吸类害虫为害相关性极强，在花期和鼓粒期的为害性最大。可使用吡虫啉和氰戊菊酯（单用或混用）及氯虫·噻虫嗪，可有效预防"症青"的发生。

（六）收获

大豆进行机械收割，要求叶片落净，豆荚豆秆基本干透，轻晃豆秆能听到清楚的豆粒撞击响声，脱出籽粒手感光滑，无软粒、无青粒，即可开始收割。作业前拔除田间个别大草和青稞，避免染色。

三、林下马铃薯-夏秋黄瓜-大蒜

在幼林地进行马铃薯-夏秋黄瓜-大蒜高效栽培，每亩可收获马铃薯约 2 000 kg、黄瓜约 4 000 kg、大蒜约 3 000 kg。

（一）茬口安排

马铃薯采用保护地栽培，2 月中下旬催芽，3 月上中旬栽植，5 月上中旬收获；夏秋黄瓜于 6 月中旬至 7 月上旬直播，9 月初采收完；9 月中下旬至 10 月上旬采用地膜覆盖栽植大蒜，于翌年 5 月下旬至 6 月上旬收获。

（二）品种选择

1. 马铃薯

马铃薯要求薯形圆整、皮光滑、干净、无霉烂、无损伤等。宜选鲁引 1 号、东农 303 等。

2. 夏秋黄瓜

应以耐热、抗病品种为主，宜选用津春 4 号、津春 5 号、鲁秋 1 号等。

3. 大蒜

以选用品种纯正的苍山大蒜为宜。

（三）马铃薯栽培技术

1. 深翻整地、配方施肥

马铃薯栽培要求土壤疏松、土质肥沃的砂壤土。一般深耕 30~40 cm，使结薯土层疏松通气。播前每亩施腐熟的优质圈肥 3 000 kg 以上、三元复合肥 25 kg 以上。在生长中期每亩追施配方肥 40 kg。

2. 种薯处理

2 月中下旬选用无病虫、无冻害、大小适中的薯种纵向切块，切块后置于温床或塑料拱棚等保温设施内进行催芽，3 月上中旬芽长 1~2 cm 时分级栽植。

3. 栽植方法

高垄栽植，垄面宽 70 cm，垄沟宽 30 cm，深 15~20 cm，整平垄面，理顺垄沟。在垄面上按行距 30 cm 开 10~15 cm 深的栽植沟，先将肥水施在栽植沟底，然后按株距 20~25 cm 将芽向上的薯块按入土中，两行间薯块交叉相对，呈三角形，覆土、搂平，喷乙草胺除草剂，覆地膜。

4. 田间管理

当幼苗顶膜时及时破膜引苗。当植株出现徒长时，可喷 0.1% 矮壮素或 50~100 mg/kg 多效唑。现蕾时及时摘去花蕾，结合喷施 0.2%~0.3% 磷酸二氢钾，促植株健壮以提高产量。覆膜栽培的前期一般不需浇水，待薯块膨大时及时浇水，保持土壤湿润。

5. 适时采收

一般在 5 月上中旬选择晴天采收，采收后分级，装运供上市。

（四）夏秋黄瓜栽培技术

1. 整地并重施有机肥

整地前每亩撒施优质腐熟有机肥 4 000~5 000 kg，整地深度 15 cm，将有机肥均匀翻耕到土壤中。

2. 起垄

按照大行距 80 cm、小行距 50 cm 起垄，垄高 15~20 cm。同时挖好排水沟，以备雨后能及时排水，以免受涝。

3. 播种

播期可根据前茬作物腾茬早晚，安排在 6 月中旬至 7 月上旬，按照每亩栽植 4 000~5 000 株的苗量进行播种。

4. 田间管理

（1）定苗补苗　幼苗长出真叶时开始间苗、补苗。如遇夏季暴雨和病虫为害，可以适当晚定苗，宜在幼苗长出 3~4 片真叶时定苗，以免缺苗难补。

（2）中耕除草　出苗后及时进行浅中耕，促使幼苗早发。结瓜前多次中耕，防除杂草。

（3）排水　播种结束后，及时清理排水沟，加固土埂，一旦遇大雨，及时排除积水。

（4）整枝　定苗浇水后及时插架，并结合绑蔓进行整枝。夏秋栽培的品种多有侧蔓，基部侧蔓不留，中上部侧蔓可酌情多留几片叶摘心。

（5）追肥浇水　苗期可施少量化肥促苗生长，结瓜后，每亩追施三元复合肥 10~15 kg，10~15 天追施 1 次，结瓜盛期肥水更要充足。处暑后天气转凉，可叶面喷施 0.2%磷酸二氢钾或 0.1%硼酸溶液，以防化瓜。

5. 病虫害防治

（1）病害　夏秋黄瓜主要病害有霜霉病、白粉病、细菌性角斑病、炭疽病和疫病等。霜霉病和疫病可用 72%霜脲·锰锌可湿性粉剂 600~800 倍液喷雾防治；白粉病可用 15%三唑酮可湿性粉剂 1 500 倍液喷雾防治；细菌性角斑病可用 20%噻唑锌悬浮剂 600~800 倍液或 2%春雷霉素水剂 500 倍液防治；炭疽病可用 50%炭疽福美可湿性粉剂 500 倍液防治。

（2）虫害　夏秋黄瓜害虫主要有蚜虫、茶黄螨等，可用吡虫啉、炔螨特等，交替轮换使用，以提高防治效果。

6. 采收

黄瓜进入生殖生长旺盛期后及时采摘果实。采摘标准是果实表皮鲜嫩、瓜条直顺、未明显形成种子。

（五）大蒜栽培技术

1. 整地施肥

深翻 30 cm，起垄晒垄，细耙整平垄面，沟内不能积水。大蒜喜欢有机肥，每亩可施腐熟有机肥 4 000~5 000 kg，碳酸氢铵 50~60 kg，以及三元复合肥（15-15-15）60~80 kg 作底肥。

2. 种蒜预处理

播前选无霉变、无机械损伤、充实饱满的种蒜，并分级，用多菌灵或代森锰锌浸种 0.5~1.0 h 消毒防病。用 40%辛硫磷乳油 800~1 000 倍液喷洒栽培垄，杀灭地蛆等地下害虫。根据分级分别播种促其生长整齐一致。

3. 播种

大蒜最适播期 10 月 5—10 日，此时段播种的大蒜能够在入冬前长至 5~6 片叶，最耐寒，最容易通过春化阶段，苍山大蒜薹、瓣兼用，适宜密度为 3 万~3.5 万株/亩。播种时南北向开厢，厢宽 1.5~2 m，厢面宽 1.2~1.7 m，步道宽 0.3 m，播时按 20~23 cm 行距开沟，沟深 12 cm 左右，开沟要求直且深浅一致。之后把蒜种直立放在沟内，株距 10 cm 左右，播一厢后，搂平，覆土 3~4 cm 厚，播后浇 1 次透水，以沉实土壤，促使蒜瓣扎根生芽。播后覆膜，并压土防风。

4. 田间管理

（1）引苗出膜　播后 7 天左右即可出苗，待苗长出 1 片展开叶时，破膜引苗出膜。

（2）冬前管理　在土壤封冻前浇 1 次大水，浇在膜上经苗孔渗入厢面土内。

（3）返青管理　翌年春季，种蒜瓣烂母时，浇 1 次水，每亩随水冲施尿素 10~15 kg。由于烂母及老根死亡而产生特殊气味，易招引葱蝇和种蝇产卵而发生地蛆为害，应用 40%辛硫磷乳油

1 500 倍液灌根防治。

（4）蒜薹生长期管理 蒜薹旺长期需肥水多。每亩随水冲施尿素 10~15 kg，收薹前 3~5 天停止浇水。发生大蒜灰霉病时，可用 70%代森锰锌可湿性粉剂 500 倍液喷雾防治；发生大蒜叶枯病时，可用 50%多菌灵可湿性粉剂 1 500 倍液喷雾防治。每次间隔 7~10 天 1 次，连续防治 2~3 次。

（5）蒜头生长期管理 收薹后以蒜头增重为主，视长势及时浇水、追肥。

5. 适时收获

蒜薹成熟后要适时收薹，否则影响蒜头产量。收薹最好在薹抽出叶鞘开始甩弯时，选择晴天的中午或午后收割。在蒜薹收后 18~20 天即可采收蒜头，以防散瓣。

四、林下大蒜–夏白菜–秋萝卜

在幼林地进行大蒜–夏白菜–秋萝卜高效栽培，一般每亩可产大蒜约 3 000 kg、夏白菜约 4 000 kg、秋萝卜约 6 000 kg，种植效益较好。大蒜 9 月中下旬播种，翌年 5 月中下旬收获；夏白菜 5 月下旬播种，8 月中旬收获；秋萝卜 8 月中旬播种，11 月中下旬收获。

（一）大蒜栽培技术

1. 品种选择
一般选用苍山大蒜。

2. 栽培要点
挑选蒜头大、瓣大、无虫蛀、无破损、无病斑的饱满蒜作种。用 50%多菌灵可湿性粉剂 500 倍液浸种 10~12 h，晾干后再播种，可提高出苗率。前茬作物收获后，耕翻土壤，每亩施优质腐熟有机肥 4 000 kg、磷肥 50 kg、硫酸钾 50 kg，结合施肥再施入 3% 辛硫磷颗粒剂 2～3 kg 防治地蛆等地下害虫。一般行距 20 cm、株距 10～15 cm、播种深度 3～4 cm，深浅、行距、株距要均匀，播后整平整细床面，覆盖地膜，地膜四周用土压紧。出齐苗后浇 1 次水，根据天气情况适时浇好封冻水，适量追肥。春节后及时浇返青水，结合浇水每亩冲施尿素 20 kg。蒜薹收获后蒜头进入膨大期，应及时浇水，保持地面湿润，收获前一般浇水 2～3 次。

3. 病虫害防治

（1）病害　大蒜常见病害有灰霉病、叶枯病。灰霉病可用 70% 代森锰锌可湿性粉剂 500 倍液喷雾防治；叶枯病用 50% 多菌灵可湿性粉剂 1 500 倍液或 80% 代森锰锌可湿性粉剂 600 倍液喷雾防治。

（2）虫害　大蒜主要害虫是葱蝇和蚜虫，可选用 40% 辛硫磷乳油 1 500 倍液防治。

（二）夏白菜栽培技术

夏白菜是介于夏、秋之间上市的白菜，此时正值蔬菜供应淡季，经济效益较高。由于夏季气温高、雨水多，是病虫害高发的季节，在种植夏白菜时要把握住关键环节，一定要选准品种，采取适当的管理措施，才能做到稳产高产。

1. 品种选择

此茬白菜应具有耐热、抗病毒病、抗软腐病、耐强光、耐湿、生育期短、净菜率高、高产优质等特性，可选种早熟 5 号、豫早 1 号、豫早 50、郑早 50、夏阳 50 等适宜夏播的白菜品种。

2. 精细整地

夏白菜生长旺盛，对水肥需求量大但不耐涝，生产上应采取重施基肥、高垄种植的栽培方式，以便于浇水能润透垄面和雨后排水。大蒜收获后及时整地，每亩施优质腐熟有机肥 3 000～

5 000 kg、过磷酸钙 30~50 kg、氯化钾或硫酸钾 10~20 kg。施肥后精细整地，做成高垄，要求垄高 15~20 cm、垄宽 80 cm、沟宽50 cm。

3. 播种

5 月下旬播种。播种方法分条播和穴播。条播每亩用种量约为 0.25 kg，穴播每亩用种量约为 0.15 kg。株行距 40 cm×45 cm。

4. 田间管理

(1) 及时浇水　夏白菜的播期正值炎热季节，为了保证播种后苗全、苗齐、苗壮，必须及时浇水。一般采用三水齐苗措施，即播后浇第一水，拱土浇第二水，苗出齐后浇第三水。

(2) 苗期管理　早间苗（分次间苗），晚定苗，定壮苗。不论条播、穴播，一般要间苗 3 次。第一次在 2 片叶时进行（如不过分拥挤，可不间），第二次在 3~4 片叶时进行，第三次在 5~6片叶时进行，第三次间苗后即定苗。由于夏白菜生育期短，一般不蹲苗，肥水一促到底。及时浇水、松土，天气干旱无雨的情况下每隔 2~3 天浇 1 次小水，遇雨天田间有积水时要及时排出，防止幼苗受涝感病。

(3) 中耕除草　中耕要浅，防止损伤根系，避免传播病毒病等病害。配合中耕去除杂草，同时注意浇水。干旱时，每隔5~6 天浇 1 次水，保持田间土壤湿润，严防忽干忽湿。

(4) 肥水管理　夏季温度高，土壤水分蒸发快，应始终保持土壤湿润。高温干旱天气，应加大浇水量，降水时及时排水，防止积水烂根。夏白菜包心前 10~15 天浇 1 次透水。结球期结合浇水每亩追施尿素 15 kg。

5. 病虫害防治

(1) 病害　夏白菜的主要病害为霜霉病，可用霜脲·锰锌等喷雾防治。

（2）虫害 夏白菜的主要害虫有蚜虫、菜青虫、小菜蛾、甘蓝夜蛾等。蚜虫可用吡虫啉防治；菜青虫可用苏云金杆菌防治；小菜蛾可用氟啶脲防治；甘蓝夜蛾可用虫螨腈防治。

无论防治哪种病虫害，在蔬菜上市前15天都要禁止喷药。

（三）秋萝卜栽培技术

1. 品种选择

一般选用郑研791、郑研大青等优良萝卜品种。

2. 播种

秋萝卜宜在8月中旬播种，一般采用25 cm×25 cm的株行距挖穴直播，每穴播种3~4粒种子，播种深度1.5 cm。幼苗4~5片真叶时定苗，每穴留苗1株。

3. 田间管理

生长前期正处于高温多雨季节，应及时中耕除草，掌握"先浅后深再浅"的原则，定苗后第一次中耕要浅，划破地皮即可，以后适当加深，尽量避免伤根，防止烂根。肉质根开始膨大时，结合灌水追肥，每亩追施复合肥15~20 kg。肉质根生长盛期每亩再追施尿素10 kg，促进肉质根生长。收获前5~6天停止灌水。

4. 病虫害防治

（1）病害 萝卜病害主要有软腐病、霜霉病。软腐病可用77%氢氧化铜水分散粒剂600~800倍液喷雾防治。霜霉病可用65%代森锌可湿性粉剂500倍液喷雾防治。

（2）虫害 萝卜害虫主要有蚜虫、菜青虫等。蚜虫可用4.5%高效氯氰菊酯乳油1 000~1 500倍液防治。菜青虫可用40%辛硫磷乳油1 000倍液喷雾防治。

5. 适期收获

当肉质根充分肥大后即可收获，贮藏的萝卜应在上冻前及时收获。

五、林下小拱棚香菇

香菇，别名花蕈、香信、椎茸、冬菰、厚菇、花菇，为光茸菌科香菇属珍贵食用菌，是世界第二大菇，也是我国栽培800年以上且久负盛名的食用菌和药用菌。香菇中含有的香菇多糖可以抗肿瘤；双链核糖核酸能诱导产生干扰素，具有抗病毒的作用；有机碱能显著降低血清中胆固醇含量。此外，香菇腺嘌呤是降低血脂的成分之一，香菇嘌呤还有较强的抗病毒、治疗和预防潜在病变、防止脱发和解毒功能。因此，香菇是自然界不可多得的保健食品之一。

香菇属于低温和变温结实型菌类，一般出菇限于春秋季，寒冷季节和高温季节均不能生产，冬夏季市场特别是鲜菇供应短缺。为了满足香菇市场周年供应，改善出菇环境，提高产量品质，选择香菇高温品种利用夏季林地内气温低于林外的气候特点，发展反季节香菇栽培，可取得显著的经济效益和生态效益。

（一）选地建棚

选择地势平坦、交通便利、有水源、树龄3年以上、郁闭度0.8以上、林木行距5 m以上的林地。将林地清理干净，平整地面，沿树行间用竹木材料搭建宽度2 m、高度1~1.2 m的小拱棚，棚长根据实际情况确定，拱棚外扣上塑料膜。棚内用竹竿或铁丝距离地面25 cm处纵向拉建菇架，用于摆放菌袋，行间距20 cm，菌床上方约2.5 m处搭建遮阳网，遮阳网边缘超过菌床周边2 m为宜。

子实体生长主要受温湿度限制。高温条件下香菇生长快，容易开伞、衰老，低温不易开伞，菇质好。空气湿度低，容易失水，菌盖表面开裂；湿度过大菌盖发黏，容易发生杂菌。所以在林下搭建小拱棚，可安装微喷设施，通过适时喷水改善小环境。

（二）菌株选择与茬口安排

1. 菌株选择

适合林下推广的夏季香菇品种主要是高温型优良菌株，如武香 1 号、L931、L935、夏菇 1 号、夏菇 2 号等。武香 1 号是较耐高温的菌株，其菌丝生长温度为 5~35 ℃，最适生长温度 22~25 ℃。出菇温度 15~35 ℃，最适出菇温度 20~26 ℃。

2. 栽培季节

结合当地气候条件及树林郁闭情况安排栽培季节。一般在林地开始郁闭时入林生产，到落叶前生产结束。黄河以北地区一般 3 月中下旬制作栽培袋，5 月中旬至 6 月上旬分批将发好菌的菌袋放入林地出菇，9 月中旬结束。

（三）合理配料

在搭配栽培原料时可因地制宜灵活选用配方，备料时主料一定要新鲜、无霉变，棉籽壳在使用前用 0.5%~1% 石灰水浸泡至饱和再堆积发酵 5~7 天，用清水冲到 pH 值 6.0~6.5 后再使用，可以去除棉籽壳中影响香菇菌丝生长的少量棉酚。常用配方如下。

配方 1：木屑 78%，麸皮 20%，石膏 1%，糖 1%。

配方 2：木屑 80%，麸皮 15%，玉米粉 3%，石膏 1%，糖 1%。

配方 3：木屑 70%，棉籽壳 10%，麸皮 15%，玉米粉 3%，石膏 1%，糖 1%。

配方 4：麦麸 18%，棉籽壳 20%，硬杂木屑 50%，细木屑（杨柳木）10%，石膏 2%，水适量。

（四）拌料接种

1. 拌料

原料过筛，拣出木块等硬物，按照选用的配方准确称量各种原料，先将各种干料混拌均匀后，再将溶好的蔗糖水和水，分次洒入料中拌均匀，直至均匀无结块，含水量55%～60%，pH值6.5～7.0。将拌好的栽培料用手捏指缝不见水而伸开手掌料能成团即可，最好在拌料后2 h内装袋，以防酸败。气温高时，料中可添加0.1%多菌灵等。

2. 装袋

人工装袋，将拌好的料装入长55～60 cm、宽15 cm、厚0.05 mm的聚乙烯袋内。塑料袋要求厚薄均匀，封口要结实不漏气。料袋要求松紧适度，手指按袋有弹性而不下陷，装到适当高度后清除袋口碎料再用绳扎口，先直扎，再翻转扎紧，防止进水、进气。料袋长40 cm左右。按照配方将培养料拌匀后集中装袋。

为了节约劳动力成本，可以采用集约型工厂化生产，统一装袋、接种、培养，降低生产风险。装袋采用圆盘自动冲压装袋机，实现搅拌、加水、分料、上料、装袋一体化。菌袋采用宽15 cm、长60 cm、厚0.05 cm的高压聚乙烯袋筒。选用配方后机械装袋。装袋标准为料柱长度45 cm±1 cm，重量2.25 kg±0.1 kg，常压灭菌。流水作业，在接种室或接种帐内打穴接种。每5人1组，4 h可接种5 000棒。

3. 灭菌

当天装好的菌袋争取在短时间内上锅灭菌，防止培养料发酵变质。一般采用常压蒸汽灭菌，100 ℃保持15～20 h。装锅时料袋间要有一定空隙，以利于蒸汽畅通。在灭菌过程中应该遵循"攻头、保尾、控中间"的原则，即先用大火猛攻，2～3 h内达到100 ℃，保持15～20 h，再逐步降温。灭菌过程中要及时补水，使锅内水量不少于锅体容量的2/3。加水时应该配合控制火力，即加水前要先加大火力，后加开水，当温度回升到100 ℃后恢复用小火。灭菌一定要彻底,料温降到 70 ℃时出锅,将料袋运到接种室冷却后接种。

4. 接种

菌袋灭菌后冷却到 25 ℃左右,最好在早、晚按无菌操作要求接种。接种前,接种室内一切用具都需要用烟雾消毒剂消毒;菌种瓶、袋表面和操作人员的衣服、手用 75%乙醇消毒。接种块尽量保持完整,接种速度要快,接种量要充足;接种室内尽量避免人员走动和说话。

(五) 发菌期管理

发菌室用前要消毒并在地面撒石灰粉。菌袋接好种后,要及时移入发菌室内发菌,采用"井"字形堆码,每层 4 袋,码 6~8层。发菌室要使光线接近黑暗,温度控制在 20~25 ℃,空气相对湿度 60%~70%,并经常通风换气,检查菌丝生长情况,待菌袋中菌种吃料半径达 3~5 cm 时开始倒袋,即轻拿轻放并上中下调换位置,每 10~15 天倒袋 1 次,以便袋温一致,水分均衡。整个发菌期共倒袋 3~4 次。一般 20~25 天时需要人为用牙签在菌丝生长部位扎眼 10~20 个以增氧,40~50 天发菌至基本满袋(距袋口 3~5 cm) 时要及时将菌袋运入林下拱棚内脱袋转色,50~60 天菌丝即可长满,当菌丝长满菌袋、菌棒变软且局部出现红褐色时,标志着菌棒已经由营养生长转向生殖生长,即可以移入林下进行出菇管理。

(六) 脱袋转色

发菌基本满袋、菌棒表面 1/4 左右转色时脱袋,脱袋前用清水或 5%石灰水喷雾加湿地面。脱袋后将菌袋斜靠在菇架上,覆盖棚膜。保持温度 18~23 ℃,每天喷水 2~3 次,给予适当散射光照,避免强光直射菌袋。转色时温度超过 25 ℃,会分泌大量黄水,要及时排除并疏散降温;如低于 15 ℃,菌袋迟迟不转色,脱袋后的 1~2 天不通风，以后每天换气 1~2 次，每次 1 h 左右。一般 15 天左右转色完毕。转色适度，菌膜厚薄适当，呈棕褐色，有光泽；转色过重则菌膜太厚，呈深褐色；转色不足则菌袋呈黄褐色至灰白色。

(七) 出菇与采收

做好控温工作是林菌间作的关键，香菇菌丝不耐高温，平时每天喷 2~3 次雾状水，空气湿度保持在 85%~95%；每天通风 1~2 次，每次 1 h 左右。

1. 春夏季出菇管理

5—6 月春夏季菌棒转色后，温度保持在 15~20 ℃，同时加大昼夜温差在 10 ℃ 以上，刺激菇蕾形成，菇蕾形成后剔除菇形不完整的、丛生的菇蕾，每袋保留菇蕾 5~8 个。每天根据天气情况喷水，晴天 2~3 次，阴天 1~2 次，同时进行通风降温。及时采菇，宜早不宜迟，每天采收 2~3 次，采收时要注意把菇蒂等采摘干净，采收后要及时出售。

2. 越夏管理

7 月气温高，越夏管理的重点是降低棚内温度。主要方法：在小拱棚上加盖遮阳物并在中午喷水降低菇床温度，同时加强通风，及时挖出霉菌并喷洒多菌灵或美帕曲星稀释液，感染面积较大时要加强通风并用多菌灵连续喷浇，如果还有少量菌袋感染可用生石灰覆盖发病部位阻止霉菌蔓延。

3. 秋季出菇管理

8—9 月早秋气温由高到低，温度控制在 20~30 ℃，湿度控制在 75%~80%。每天早、中、晚各喷水 1 次补充菌袋含水量，早晚结合喷水通风，拉大温差和湿差，刺激菇蕾发生，促进子实体发育。

晚秋当菌棒生产 4~5 潮菇后，棒体缩小、干瘪，出菇个头小，菇盖薄，说明养分已耗尽，此时出菇结束。对于到了深秋仍有出菇能力的菌棒，采取移到暖棚内出菇，或翌年温度上升后再出菇，可实现菌棒出菇生产最大化。

4. 适时采收

在菌伞尚未全部张开、菌盖边缘稍内卷形成"铜锣边"、菌褶已经全部伸长并由白色转为浅黄褐色时采收最佳，每天采收 2~3 次，采大留小，避免碰伤周围小菇蕾，注意不要留下菇脚。每潮菇采完后停止喷水 3~5 天并适当提高温度，减少昼夜温差，降低空气相对湿度到 70%~80%，养菌 7~10 天后进入下一潮出菇刺激和出菇管理。

5. 菌袋补水

出菇后期采用针式注水方法及时补水，使注水后的菌袋达到原菌袋的 95% 左右，其他管理措施与前期出菇管理基本相同。

六、林下平菇、姬菇

平菇，别名侧耳、糙皮侧耳、蚝菇、黑牡丹菇、秀珍菇；姬菇是独特的平菇种类，别名黄白侧耳、小平菇，生物学特性、栽培管理技术与平菇基本相同。二者均为侧耳科侧耳属木腐生菌类。全国各地均有栽培。平菇含丰富的营养物质，每 100 g 干品含蛋白质 20~23 g，而且氨基酸成分种类齐全，矿物质含量十分丰富。

平菇有高温品种及低温品种，可以从 3 月一直种植到 11 月。3 月下旬菌棒入拱棚，培菌温度控制在 5~25 ℃；出菇温度控制在 13~18 ℃，空气相对湿度控制在 85%~90%。采收后清除袋料两端的菇角和老菌丝，这时培养料的含水量应补足到 65% 左右，空气湿度适宜，一般 10 天左右会出现第二潮菇。平菇出两潮菇后，培养料的营养有些不足，为促进多出菇，可以结合喷水喷施营养液。采收 3~4 潮菇后，大致在 6 月底，可以更换耐高温品种菌棒，进行下一轮出菇管理。

（一）选地建棚

选择树龄 3 年以上、郁闭度 0.8 以上、林木行距 5 m 以上、地势平坦、水源便利的林地。将林地清理干净，平整地面，沿树行间用竹木材料搭建宽度 3 m、高度 1.5 m 的小拱棚，棚长根据实际情况确定，拱棚外扣上塑料膜。棚内菌袋采用垛状摆放，垛底用土堆成高 15 cm、宽 50 cm 的平台并用薄膜覆盖，菌袋摆放在薄膜上，每层 2 排，菌棒底部相接，扎口部朝外，依次往上堆放 4 层，每 2 层之间用 2~3 根小木条隔开，以便通气，垛与垛间隔 90 cm 左右的空间，以便操作。

（二）合理配料

采用木屑、棉籽壳、废棉、稻草、甘蔗渣、玉米芯、玉米秸秆、花生壳、豆秆粉等原料中的任何一种，都可以栽培平菇。但要获得高产、优质的栽培效果，则应添加适量麸皮、米糠、石膏、过磷酸钙等辅料。下面介绍几种常用配方及其配制方法，供参考。

配方 1：棉籽壳 99%，石灰 1%。将石灰溶于适量水中，均匀地淋在棉籽壳上，边淋水，边踏踩，边翻拌，直到棉籽壳含水适量均匀为止。

配方 2：稻草 99%，石灰 1%。将稻草铡成长 5 cm 左右的段，沉入 1% 石灰水中浸泡 5~6 h，待其吸足水后捞起沥干。

配方 3：木屑 89%，石灰 1%，麦麸 10%。干料混合，加水翻拌均匀，至含水量 60% 左右。

配方 4：玉米芯粉 90%，米糠 9%，石灰 1%。干料混合，加水翻拌均匀，至含水量适宜为止。

配方 5：玉米芯 85%，麸皮或玉米面 8%～10%，生石灰

2%~3%，石膏1%~2%，磷肥1%~2%，磷酸二氢钾0.1%~0.3%，硫酸镁0.1%，尿素0.3%。原料混匀后按料重量的1.5倍加水，调节pH值至6.0~7.5。

配方6：玉米芯或玉米秆。将原料压破后放在清水或1%石灰水中浸泡1~2天，充分吸水后捞起沥干。

配方7：花生壳、花生秆78%，麸皮20%，石膏1%，糖1%。先将花生壳、花生秆晒干粉碎，糖溶于少量水中与干料混匀，再加清水拌匀，至含水量58%左右。

配方8：甘蔗渣50%~69%，木屑30%~49%，石灰1%。先将干料混匀，再加清水翻拌均匀，至含水量适宜为止。

配方9：豆秆粉33%，棉籽壳33%，木屑32%，碳酸钙1%，糖1%。糖溶于少量水中与干料混匀，再加清水翻拌均匀，至含水量适宜为止。

在以上9种配方中，拌料时加入0.1%~0.2%多菌灵和0.1%敌敌畏，以便杀灭部分杂菌、害虫。尤其是温度较高时播种，培养料中添加适量杀菌剂、杀虫剂，增产效果更明显。

（三）建堆发酵

1. 粉碎与拌料

以配方5为例，选用无霉变的玉米芯在阳光下暴晒2~3天，再用粉碎机将玉米芯破碎成花生粒大小的颗粒状。先将原料按比例称量好，再将生石灰、石膏、磷肥、磷酸二氢钾、硫酸镁、尿素等溶于水中，然后与主料混拌均匀，将麸皮或玉米面等辅料加入其中拌匀，最后加料重1.5倍的水拌匀，并调节pH值至6.0~7.5。

其他8个配方可采取相似的处理方法进行处理。

2. 建堆

将拌匀的培养料堆成宽1.5 m、高1 m、长度不限的弧形堆，堆闷发酵，在堆中心插入温度计，以便监测堆温上升情况。

3. 翻堆

当堆内料温（5 cm 深处）达到 55 ℃以上维持 1 昼夜后翻堆，翻堆时把里面的料翻到外面，把四周、顶部和底部的料翻到中间，然后再覆盖保温，如此翻堆 3 次，当原料内没有酸臭味时即发酵好了。发酵好的料要及时用多菌灵和敌敌畏（根据说明确定农药的使用浓度，只喷洒料的表面）进行喷洒处理。当料温稳定在 30 ℃时应该及时装袋。

（四）装袋接种

平菇除冬季以外，其他季节均可栽培，但以秋季栽培最好。一般 8 月上旬至 9 月上旬接种，即 8 月上旬至 9 月上旬将发酵好的料装入 25 cm×45 cm 的聚乙烯袋内，先扎紧一端，边装料边接种，一般接 3 层菌种，即中间 1 层，两头各 1 层，用种量为培养料的 10%~15%，装好后稍压实再扎紧另一端，然后用细铁丝在菌种处刺孔，以利于通气，最后进行菌丝培养。9 月上旬至 10 月中旬出菇后移入林下小拱棚，进行出菇管理。

（五）出菇管理

平菇、姬菇属变温结实型，在保证温度 20~26 ℃、相对湿度 85%~95% 的情况下，一般发菌 30 天左右，菌丝可以长满菌袋，发菌最好在黑暗条件下进行。当菌丝布满料面 6~7 天并露出菇蕾后，进行降温和增水处理，幼菇可迅速长出。即夜间采取地面浇水，加减通风量，调节适合平菇、姬菇生长的温湿度和温差。当菌袋内有菇蕾原基产生时，将菌棒扎口松开，菌袋口向外翻卷，露出菌面即可。当菇蕾分化出菌盖和菌柄时，注意喷水时要少喷、细喷和勤喷并呈雾状。每潮菇采收后要清理死菇、病菇和烂菇，出第二潮菇后，出现小菇蕾时喷营养液（味精 5 g、尿素 15 g 溶于 15 kg 水中），每潮菇喷 2~3 次（喷在料面上），补充营养的同时还能诱导新菇形成。出菇期需要一定的散射光，以能在菇棚里看清报纸上的小字为宜。

（六）采收

当菌盖充分展开，颜色由深灰色变为淡灰色，孢子未弹射之前及时采收，用左手按住培养料，右手握住菌柄旋转扭下，不论大小一次采完，并把残留在培养料面上的菌根、死菇、干菇全部用刀清理掉，然后重喷1次水，并盖好薄膜。经过一定的技术处理，可陆续采摘3潮菇，至12月上中旬生产结束，每千克栽培料可产鲜菇0.8～1 kg。每亩林地栽培200 m²，下料5 000～6 000 kg，可生产鲜菇4 000~5 000 kg。

第二节　林下养殖

一、林下养鸡

（一）生长育成鸡林地放养技术

1. 林地饲养前的准备工作

（1）林地放养前的防疫处理　每批鸡饲养前，要对放养林地及鸡棚舍进行一次全面清理，清除林地及周边各种杂物及垃圾，再用安全的消毒液对林地及周边场地进行全面喷洒消毒，尽可能地杀灭和消除放养区的病原微生物。

（2）搭建棚舍　可以根据饲养目的，建造不同标准和形式的棚舍。如果仅在夏秋季节为放养鸡提供遮阳、挡雨、避风和晚间休息的场所，可建成简易鸡舍（鸡棚）。如果要在放养地越冬或产蛋，一般要建成普通鸡舍。

为便于卫生管理和防疫消毒，舍内地面要比舍外地面高0.3~0.5 m，在鸡舍50 m范围内不要有积水坑。如果是普通鸡舍最好建成混凝土地面，简易鸡舍可在土地面上铺垫适当的沙土。有窗鸡舍在所有窗户和通风口要加装铁丝网，以防止野鸟和野兽进入鸡舍。一栋鸡舍面积不要太大，一般每栋养 300～500 只生长育成鸡或 200～300 只产蛋鸡。棚舍内设有栖架。根据周边植被生长情况决定放养舍的间距。注意放养舍的间距不可过近，以让周边植被有一个恢复期。

（3）确定林地放养的日龄　雏鸡脱温后，可以开始到林地放养。一般初始放养日龄 30～50 天。林地放养时间不宜过早，否则雏鸡抵抗力差，觅食能力和对野外饲料的消化利用率低，容易感染疾病，成活率下降，并影响后期鸡的生长发育。此外，放养过早时，雏鸡对林地野外天敌的抵御能力差，容易受到伤害。

鸡的林地放养日龄要从雏鸡的发育情况、外界气候条件和雏鸡的饲养密度等情况综合考虑，最关键的是外界环境温度。

（4）鸡的适应性锻炼　鸡从雏鸡舍到林地饲养，环境条件变化大，为了让鸡能尽快适应环境的变化，防止对鸡产生大的应激反应，到林地放养前要给予适应性锻炼，这是林地养鸡很重要的技术环节。

2. 林地放养的管理技术

（1）分群　从育雏鸡舍转移到林地鸡舍时要进行分群饲养，分群饲养是林地饲养过程中很关键的环节。要根据品种、日龄、性别、体重、林地的植被情况、季节等因素综合考虑分群和群体的大小。

公鸡、母鸡分群饲养。公鸡、母鸡的生长速度和饲料转化率、脂肪沉积速度、羽毛生长速度等都不同。公鸡没有母鸡脂肪沉积能力强，羽毛也比母鸡长得慢，但比母鸡吃得多，长得快，公母分群饲养后，鸡群个体差异较小，均匀度好。公母混群饲养时，公母体重相差达 300～500 g，分群饲养一般只差 125～250 g。

另外，公鸡好斗，抢食，容易造成鸡只互斗和啄癖。分群饲养可以各自在适当的日龄上市，也便于饲养管理，提高饲料效率和整齐度。不能在出雏时鉴别公母的地方鸡品种，如果鸡种性成熟早，4~5周龄可从外观特点分出公母，大多数鸡也可在50~60日龄时区分出来，进行公母分群饲养。

体重、发育差异较大的鸡分群饲养。发育良好、体重均匀的鸡分在大群，把发育较慢、病弱的鸡分开以便单独加强管理和补给营养，利于病弱鸡恢复。体重相差较大的鸡对营养的需要有差异，混在一起饲养无法满足鸡的营养需求，会影响鸡的生长发育。

日龄不同的鸡要分开饲养。日龄低的鸡只容易感染传染病，大小混养会相互传染，造成鸡群传染病暴发。根据林地鸡舍能饲养的鸡只数量，同一育雏鸡舍的鸡只最好分在同一个育成鸡舍。

群体大小。根据林地面积大小和饲养规模，一般一个群体300~500只育成鸡比较合适，一般不超过1 000只。本地土鸡，适应性强，饲养密度和群体可大些；放养开始鸡体重小，采食少，饲养密度和群体可大些；植被状况好，饲养密度和群体可以大些。早春和初冬，林地青绿饲料少，密度要小一些，夏秋季节，植被茂盛，昆虫繁殖快，饲养密度和群体可大些。但群体太大，会造成鸡多草虫少的现象，也会造成植被被很快抢食，引起过牧，并且植被生态链破坏后恢复困难，鸡因觅食不到足够的营养影响生长发育，又要被迫增加人工补喂饲料的次数和数量，使鸡产生依赖性，更不愿意到远处运动找食，从而形成恶性循环，打乱林地放养的初衷和模式。一定林地面积饲养鸡数量多后鸡采食、饮水也容易不均，会使鸡的体重整齐度比较差，大的大、小的小，并出现很多较弱小的鸡。群体密度过大，鸡遇到惊吓时很容易炸群，出现互相挤压、踩踏现象，还会使鸡的发病率上升，也容易发生啄癖，所以规模一定要适度。有的林地养鸡就是因为群体规模和饲养密度安排不当，最终养殖失败。

（2）转群　经过脱温和放养前的训练后雏鸡才可以进行放牧饲养。从育雏鸡舍转群到林地放养，鸡的生活环境、饲料供给方式及种类等都发生剧烈变化，对鸡造成很大的应激，必须通过科学的饲养管理才能帮助鸡平稳适应新的环境，不至于造成大的影响。

由舍内饲养到林地饲养的最初 1~2 周是饲养的关键时期。如果初始期管理适当，鸡能很好地适应林地饲养环境，保持良好的生长发育状况，为整个饲养获得好的效益打下良好基础。

①林地饲养鸡转移时间的选择。从鸡舍转移到林地，要在天气晴暖、无风的夜间进行。因为晚上鸡对外界的反应和行动能力下降，此时抓鸡对其造成的应激减小。根据分群计划，转到林地前一天傍晚在鸡舍较暗的情况下，一次性把雏鸡转入林地鸡舍。

放养当天早晨天亮后不要过早放鸡，等到 9:00—10:00 阳光充足时再放到林地。饲槽放在离鸡舍较近的地方，让鸡自由觅食。同时准备好饮水器，让鸡能随时饮到水，预防放养初期的应激反应，并在水中加入适量维生素 C 或电解多元维生素，减少应激反应。在林地饲养的最初几天要设围栏限制其活动范围，把鸡群控制在离鸡舍比较近的地方，不要让鸡远离鸡舍，以免丢失。开始几天每天放养时间要短，每天 2~4 h，以后逐步延长放养时间。

②饲喂方法。开始放养的第一周在林地养鸡区域内放好料盆，让鸡既能觅食到野生的饲料资源，又可以吃到配合饲料，使鸡消化系统逐渐适应。随着放养时间的延长，根据鸡的生长情况使鸡群的活动区域逐渐扩大，直到鸡能自由充分采食青草、菜叶、虫蚁等自然食料。

放养的前 5 天仍使用雏鸡后期料，按原饲喂量给料，日喂 3 次。6~10 天后饲料配方和饲喂量都要进行调整，开始限制饲喂，逐步减少饲料喂量，促使鸡逐步适应，自由运动、自己觅食。生产中要注意饲料的逐渐过渡，防止变换过快，鸡的胃肠道不能适应，引起消化不良，甚至腹泻。前 10 天可以在饲料中添加维生素 C 或复合维生素，提高鸡的抵抗力，预防应激。

10 天后根据林地天然饲料资源的供应情况，喂料量与舍饲相比减少一半，只喂给各生长阶段舍饲日粮的 30%~50%；饲喂的次数不宜过多，一般每天喂 1~2 次，否则鸡会产生依赖性而不去自由采食天然饲料。

（3）调教　调教是指在特定环境下，在对鸡进行饲养和管理的过程中，给予鸡特殊指令或信号，使鸡逐渐形成条件反射、产生习惯性行为。对鸡实行调教从小鸡阶段开始较容易，调教内容包括饲喂、饮水、远牧、归巢、上栖架和紧急避险等。

在林地放养是鸡的群体行为，必须有一定的秩序和规律，否则任凭鸡只自由行动，难以管理。

①饮食和饮水调教。在育雏阶段，应有意识地给予信号进行喂料和饮水调教，在放养期得以强化，使鸡形成条件反射。

在调教前，让鸡群有饥饿感，开始给料前，给予信号（如吹口哨），喂料的动作尽量使鸡看得到，以便产生听觉和视觉双重感应，加速条件反射的形成。每次喂料都反复同一信号，一般 3~5 天即可建立条件反射。

生产中多用吹口哨和敲击金属物品产生的特定声音，引导鸡形成条件反射。面积较小的林地、果园等，鸡的活动范围较小，补饲时容易让鸡听到饲喂信号而归巢。面积较大的林地、山地等，鸡的活动范围大，要注意使用的信号必须让较远处的鸡都能听到。也有报道，山地养鸡时可以通过喇叭播放音乐，鸡只经过调教，听见音乐会自动返回采食、归巢。

②远牧调教。放牧时调教更为重要，可以促使鸡到较远的地方觅食，避免有的鸡活动范围窄，不愿远行自主觅食。

调教方法：一人在前面慢步引导，一边撒扬少量的食物作为诱饵，一边按照一定的节奏发出语言口令（如不停地叫：走、走、走），后面另一人手拿一定的驱赶工具，一边发出驱赶的语言口令，一边缓慢舞动驱赶工具前行，一直到达牧草丰富的草地为止。这样连续调教几天后，鸡群便逐渐习惯往远处采食了。

③归巢调教。鸡具有晨出暮归的习性。但是有的鸡不能按时归巢，或由于外出过远，迷失了方向，也有的个别鸡在外面找到了适合自己夜宿的场所。因此，应在傍晚之前进行查看，是否有仍在采食的鸡，并用信号引导其往鸡舍方向返回。如果发现个别鸡在舍外夜宿，应将其抓回鸡舍圈起来，并把营造的窝破坏掉，第二天早晨晚些时间再放出采食，傍晚再进行仔细检查。如此反复几天后，鸡群就可以按时归巢了。

④上栖架的调教。鸡有在架上栖息的生理习性。在树下和鸡舍内设栖木，既满足了鸡的生理需求，符合动物福利的要求，充分利用了鸡舍空间，又可以避免鸡直接在地面过夜，减少与病原微生物尤其是寄生虫的接触机会，降低疾病的发生率。

方法：用细竹竿或细木棍搭建一些架子，一般按每只鸡需要栖架位置 17~20 cm 提供栖架长度，栖木宽度应该在 4 cm 以上，以 3~4 层为宜，每层之间至少应该间隔 30 cm。

如果鸡舍面积小，栖架位置不够用，有的鸡可能不在栖架上过夜。

调教鸡上栖架应于夜间进行，先将小部分卧地鸡捉上栖架，捉鸡时不开电灯，用手电筒照住已捉上栖架的鸡并排好。连续几天的调教，鸡群可自动上架。

（4）补饲　林地养鸡，仅靠野外自由觅食天然饲料不能满足其生长发育和产蛋需要。即使是外界虫草丰盛的季节（5—10月），也要适当进行补饲。在虫草条件较差的季节（12月到翌年3月），补饲量几乎等于鸡的营养需要量。无论育成期，还是产蛋期，都必须补充饲料。

①补料次数。补饲方法应综合考虑鸡的日龄、鸡群生长和生产情况、林地虫草资源、天气情况等因素科学制订。放养的第一周早晚在舍内喂饲，中午在休息棚内补饲1次。第二周起中午免喂，早上喂饲量由放养初期的足量减少至七成，6周龄以上的大鸡还可以降至六成甚至更低些，晚上一定要让其吃饱。逐渐过渡到每天傍晚补饲1次。

可以在鸡舍内或鸡舍门口补饲，让鸡群补饲后进入鸡舍休息。每天补料次数建议为1次。补料次数越多，放养的效果就越差。因为每天多次补料会使鸡养成懒惰恶习，等着补喂饲料，不愿意到远处采食。越是在鸡舍周围的鸡，尽管它获得的补充饲料数量较多，但生长发育越慢，疾病发生率也越高。凡是不依赖喂食的鸡，生长反而更快，抗病力更强。

状况良好的林地，补料的次数以每天1次为宜，在特殊情况下（如下雨、刮风、冰雹等不良天气），可临时增加补料次数。天气好转，应立即恢复到每天1次。

补饲时要定时定量，一般不要随意改动，以增加鸡的条件反射，养成良好的采食习惯。

②补料量。补料量应根据鸡的品种、日龄、鸡群生长发育状况、林地虫草条件、放养季节、天气情况等综合考虑。夏秋季节虫草较多，可适当少补，春季和冬季可多补一些。每次补料量的确定应根据鸡采食情况而定。在每次撒料时，不要一次撒完，要分几次撒，看多数鸡已经满足，采食不及时，记录补料量，作为

下次补料量的参考依据。一般是第二天较前一天稍微增加补料量。也可以定期测定鸡的生长速度，即每周的周末，随机抽测一定数量的鸡的体重，与标准体重进行比较。如果低于标准体重，应该逐渐增加补料量。

③补料形态。饲料形态可分为粉料、粒料（原粮）和颗粒料。粉料是经过加工破碎的原粮。所有的鸡都能均匀采食，但鸡采食的速度慢，适口性差，浪费多，特别在有风的情况下浪费严重，并且必须配合相应食具。粒料是未经破碎的谷物，如玉米、小麦、高粱等，容易饲喂，鸡喜欢采食，适于傍晚投喂。最大缺点是营养不完善，鸡的生长发育差，体重长得慢，抗病能力弱，所以不宜单独饲喂。颗粒饲料是将配合的粉料经颗粒饲料机压制后形成的颗粒饲料。适口性好，鸡采食快，保证了饲料的全价性。但加工成本高，且在制粒过程中维生素的效价受到一定程度的破坏。具体选用什么形式的补饲料，应根据各鸡场的具体情况决定。

④补料时间。傍晚补料效果最好。早上补饲会影响鸡的自主觅食性。傍晚鸡食欲旺盛，可在较短的时间内将补充的饲料迅速采食干净，防止撒落在地面的饲料被污染或浪费。鸡在傍晚补料后便上栖架休息，经过一夜的静卧休息，肠道对饲料的利用率高。也可以在补料前先观察鸡白天的采食情况，根据嗉囊饱满程度及食欲大小，确定合适的补料量，以免鸡吃不饱或喂料过多，造成饲料浪费。另外，在傍晚补饲时还可以配合调教信号，诱导鸡只按时归巢，减少鸡夜间在舍外留宿的机会。

（5）饮水　鸡在林地饲养，供给充足的饮水是鸡保持健康、正常生长发育的重要保障。尤其鸡在野外活动，风吹日晒，保证清洁、充足的饮水显得非常重要。

在鸡活动的范围内要放置一定数量的饮水器（槽）。可以使用 5~10 L 的饮水器，每个饮水器可以供 50 只鸡使用。饮水器（槽）之间的距离为 30 m 左右，饮水器（槽）位置要固定，以便让鸡在固定的位置找到水喝，尽量避免阳光直射。舍外饮水器（槽）不能断水，以免在炎热的夏季鸡喝不上水造成损失。在鸡活动较多的位置可多放置几个，林地内较边远的地方可少放几个。鸡舍内也要设有饮水器，供鸡使用。

（6）实行围网、轮牧饲养　林地养鸡，鸡在野外林地自由活动，通常要在林地放养区围网。

①围网目的。作为林地、果园和外界的区界，通常使用围网或设栏的方法，将林地环境和外界分隔，防止外来人员和动物的进入，也防止鸡走出林地造成丢失。

放养场地确定后，通过围网给鸡划出一定的活动范围，防止在放养过程中跑丢，或做防疫的时候找不着鸡，疫苗接种不全面，也能避免产蛋鸡随地产蛋。雏鸡刚开始放牧时，鸡需要的活动区域较小，也不熟悉林地环境，为了防止鸡在林地迷路，要通过围网限制鸡的活动区域。随着鸡的生长，逐步放宽围网范围，直到自由活动。

用围网分群饲养。鸡群体较大时，鸡容易集群活动，都集中在相对固定的一个区域，饲养密度大，造成抢食，过牧鸡也容易患病，通过围网将较大的鸡群分成几个小区，对鸡的生长和健康都有利。围网后，林地、果园、荒坡、丘陵地养鸡实行轮牧饲养，防止出现过牧现象。

果园喷施农药期间，施药区域停止放养，用网将鸡隔离在没有喷施农药的安全区域。

②建围网方法。放养区围网筑栏可用高 1.5~2 m 的尼龙网或铁丝网围成封闭围栏，中间每隔数米设一根稳固深入地下的木桩、水泥柱或金属管柱以固定围网，使鸡在栏内自由采食。围栏

尽量采用正方形，以节省网的用量。放养鸡舍前活动场周围设网，可与鸡舍形成一个连通的区域，用于傍晚补料，也利于夜间对鸡加强防护。经过一段时间的饲养，鸡群就会习惯有围网的林地生活。

山地饲养，可利用自然山丘作屏障，不用围栏。草场放养地开阔，可不设围网，使用移动鸡舍，分区轮牧饲养。

（7）诱虫 林地养鸡的管理中，在生产中常用诱虫法引诱昆虫供鸡捕食。常用的诱虫法有灯光诱虫法和性激素诱虫法。

①灯光诱虫法。通过灯光诱杀，使林地和果园中趋光性虫源被大量集中消灭，迫使夜行性害虫避光而去，影响部分夜行害虫的正常活动，减轻害虫为害，大大减少化学农药的使用次数，延缓害虫抗药性的产生。保护天敌，优化了生态环境，利于可持续发展。

昆虫飞向光源，碰到灯即撞昏落入安装在灯下面的虫体收集袋内，第二天进行收集喂鸡。诱得的昆虫，可以为鸡提供一定数量的动物性蛋白饲料，生长发育快，降低饲料成本，提高养鸡效益，同时天然动物性蛋白饲料不仅含有丰富的蛋白质和各种必需氨基酸，还有抗菌肽及未知生长因子，采食后可提高鸡肉和鸡蛋的质量。鸡采食一定数量的虫体，可以对特定的病原如鸡马立克病产生一定的抵抗力。

②性激素诱虫法。利用人工方法制成的雌性昆虫性激素信息剂，诱使雄性成虫飞来交配，在雄性成虫飞来后掉入盛水的诱杀盆而被淹死。

一般每亩放置 1~2 个性激素诱虫盒，30~40 天更换 1 次。性激素诱虫效果受性激素信息剂的专一性、昆虫田间密度、昆虫可嗅到性诱剂的距离、诱虫当时的风速、温度等环境因素的影响。

（8）日常管理

①林地和鸡舍卫生消毒。在林地门口、鸡舍门口设消毒池或消毒用具，保持充足的消毒液，及时检查添加消毒药物。饲养人员进入鸡舍前更换专用洁净的衣服、鞋帽。鸡舍和场地每天清扫、消毒。

②细心观察，做好记录。每天注意观察鸡的精神状态，采食和饮水情况，注意采食量和饮水量有没有突然增加或减少。

观察鸡的粪便颜色和形状，正常鸡的粪便软硬适中，成堆或条状，上覆盖有少量白色尿酸盐沉淀。颜色与采食饲料有关，一般呈黄褐色或灰绿色。粪便过于干硬，说明饮水不足或饲料不当；粪便过稀，说明饮水过多或消化不良。白色下痢可能是鸡患白痢或法氏囊病初期。一般鲜艳绿色下痢，鸡可能患新城疫等，平时一定要注意观察，一旦出现异常粪便，及时诊治。每天鸡入舍前清点鸡数，发现鸡数减少，查找原因，注意林地放养时由近到远逐步扩大范围，以防鸡走失。鸡入舍后可关灯静听鸡是否有甩鼻、咳嗽、呼噜等呼吸道症状；观察鸡群有没有啄趾、啄羽等啄癖现象。发现异常现象，查清原因，及时采取措施。

观察群体大小、体重及均匀度。群体过大，林地植被很快被鸡吃光，造成鸡采食不足，影响生长；群体过大，遇寒冷天气，鸡易扎堆，常造成底下的鸡被踩压而死。

把大小鸡分开饲养。大小鸡混养时，大鸡抢食，易争斗，使小鸡处于劣势，时间长了，影响小鸡发育，使小鸡更小，抵抗力差，易生病。不符合体重标准的要分析原因。如果大群发育慢，调整饲料配方，提高营养水平；如果个别鸡生长慢，要加强补饲。注意把病弱瘦小的鸡只单独挑出来，分析原因，没有饲养、治疗价值的及时淘汰。

③环境控制情况。注意观测、记录林地环境天气、鸡舍温

度、湿度、通风等情况。保持料槽、饮水器等饲喂用具清洁，每天清洗、消毒，保证饮水器 24 h 不断水。注意随着鸡的生长加高料槽高度，保持料槽与鸡的背部等高，减少饲料浪费。

④按时接种疫苗，定期驱虫。必须制定科学的接种程序并严格执行，如鸡新城疫、法氏囊、鸡痘等都应科学接种。不要存在林地养鸡可以粗放管理，鸡抗病力强，不注射疫苗也没事的侥幸心理。不接种疫苗会造成鸡群传染病发生，造成严重的损失，有时甚至全群覆灭。

⑤避免中毒。林地、果园喷洒农药前，利用分区轮换放养，避免鸡中毒；邻近农田喷药时，要注意风向，并应将鸡的活动场地与农田用网隔开。

⑥注意天气情况。鸡刚到林地放养，需要一个适应过程，春季外界温度变化较大，常会在温度逐渐升高的过程中突然降温。所以林地养鸡一定要时常关注天气情况，每天注意收听天气预报，如遇有大风、雨雪、降温等异常天气，提前做好准备，当天尽量不放鸡到林地，或提早让鸡回到鸡舍，避免鸡被雨淋、受凉，造成鸡感冒患病、死亡。遇打雷、闪电等强响声、光亮刺激，鸡会出现惊群，聚群拥挤，要及时发现，将鸡拨开。

⑦预防性用药。林地养鸡时，鸡易患球虫、沙门菌、寄生虫等病，应加强环境管理，并注意药物预防。

（二）产蛋鸡林地饲养技术

1. 产蛋前和产蛋初期的管理

（1）体重和开产日龄的控制　在产蛋前可以通过分群、饲喂控制、补料数量、饲料营养水平、光照管理和异性刺激等方法，调整体重，将全群的体重调整为大致相同，结合所饲养品种的体重标准，让鸡群开产时基本达到本品种要求体重。一定要注意使开产前的鸡有相应的体重。

　　鸡群的开产日龄直接影响整个产蛋期的蛋重。母鸡开产日龄越大，产蛋初期和全期所产的蛋就越大。开产日龄与鸡的品种、饲养方式、营养水平和饲养管理技术有关。

　　一般发育正常的鸡群在 20 周龄左右进入产蛋期。林地养柴鸡如果管理不当，容易有开产日龄过早或过晚的现象，有的 100 多日龄见蛋，有的 200 多日龄还不开产。过早开产鸡蛋个小，也会使鸡产生早衰，后期产蛋性能降低；开产过晚影响产蛋率和经济效益。开产时间通常与品种选育、外界放养环境恶劣和长期营养供给不足有关。要通过体重调整，使鸡有合适的开产日龄。控制鸡在适宜日龄开产。

　　（2）体质贮备与饲料配方调整　　开产前的鸡体内要沉积体脂肪，一点脂肪贮备都没有的鸡是不会开产的。这时补饲饲料的配方，要根据鸡群的实际发育情况做出相应调整，增加饲料中钙的含量，必要时要增加能量与蛋白质的营养水平。

　　产蛋鸡对钙的需要量比生长鸡高 3~4 倍。生长期饲粮钙含量 0.6%~0.9%，不超过 1%。一般发育正常的鸡群多在 20 周龄左右进入产蛋期，从 19 周龄（或全群见到第一个鸡蛋）开始将补饲日粮中钙的水平提高到 1.8%，21 周龄调到 2.5%，23 周龄调到 3%，以后根据产蛋率与蛋壳的质量，来决定补饲日粮中钙水平是维持还是调整。当鸡群见第一个蛋时，或开产前 2 周，在饲粮中可以加些贝壳或碳酸钙颗粒，也可以在料槽中放一些矿物质，任开产的鸡采食，直到鸡群产蛋率达 5% 时，将生长饲粮改为产蛋饲粮。

　　（3）准备好产蛋箱　　在鸡舍和林地活动区需要设产蛋箱，让鸡在产蛋箱内产蛋，减少鸡蛋丢失，并保持蛋壳洁净。产蛋箱要能防雨雪，可用砖、混凝土等砌造，用石棉瓦做箱顶，箱檐伸出 30 cm 以防雨、挡光。也可用木板、铁板或塑料等材料制作，尺寸可做成宽 30 cm、深 50 cm、高 40 cm 大小。鸡喜欢在隐蔽、光线暗的地方产蛋，因此在林地中要把产蛋箱放在光线较暗的地方。在鸡舍内产蛋箱可贴墙设置，放在光线较暗、太阳光照射少的位置，并安装牢固，能承重。

窝内铺垫干燥、保暖性好的垫草，可用铡短的麦秸、稻草、或锯末、稻壳、柔软的树叶等，并及时剔除潮湿、被粪便污染、结块的垫草，保持垫料干燥、洁净。

可在鸡群开产前 1 周在产蛋箱里提前放置假蛋或经过消毒的鸡蛋，诱导鸡进入产蛋箱产蛋。早晨是鸡寻找产蛋地点的关键时间，饲养人员要注意观察母鸡就巢情况，如果鸡在较暗的墙角、产蛋箱下边等较暗的地方就巢做窝，应将母鸡放在产蛋箱内，使鸡熟悉、适应，几次干预以后鸡就会在产蛋箱内产蛋。

（4）产蛋鸡的光照   光照对蛋鸡产蛋有重要作用。光照时间和光照强度、光的颜色对鸡的产蛋都有影响。鸡是长日照动物，当春季白天时间变长时，刺激鸡的性腺活动和发育，从而促进其产卵。在白天逐渐缩短的秋季渐渐衰退。

因日照增长有促进性腺活动的作用，日照缩短则有抑制作用，所以在自然条件下，鸡的产蛋会出现淡旺季，一般春季逐渐增多，秋季逐渐减少，冬季基本停产，因而鸡的产蛋量很少。林地养鸡，要获得较高的生产效果，必须人工控制光照。

光照原则：育成期光照时间不能延长，产蛋期光照只能延长不能减少。产蛋鸡的适宜光照时间，一般认为要保持 16 h。产蛋期间光照时间应保持稳定，不能随意变化。增加光照 1 周后改换饲粮。

光照方法：首先了解当地的自然光照情况，了解不同季节当地每天的光照时间，除自然光照时数外，不足的部分通过人工补光的方法补充。一般多采取晚上补光，配合补料和诱虫同时进行，比较方便。对于产蛋高峰期的蛋鸡，结合补料也可以采用早晨和晚上两次补光的方法。

2. 蛋鸡的补饲

鸡的活动量大，要消耗更多的能量，同时自由采食较多的优质牧草和昆虫，能够提供较多的蛋白质，应该适当提高饲料中能量的含量（柴鸡能量可比笼养时相同阶段营养标准高5%左右），降低蛋白质的含量（柴鸡蛋白质可比笼养时相同阶段营养标准低1%左右），在林地觅食时还能获得较多的矿物质，饲料中钙的供给稍降低一些，有效磷保持相对一致。

（1）**补料量** 可根据鸡品种、产蛋阶段与产蛋量、林地植被状况情况具体掌握。

①品种。现代配套系品种鸡对环境适应力不强，在林地自主觅食的能力也较差，并且产蛋较高，补料量应多些。而土鸡觅食能力强，产蛋量较低，一般补料量和补料营养水平相对较低些。

②产蛋阶段与产蛋量。产蛋高峰期需要的营养多，补料量应多些，其余产蛋期补料量少些。即使同是高峰期，同一鸡群中的产蛋率也不同，对不同鸡群的补饲要有差异。

③林地植被状况。林地里可食牧草、昆虫较多，补料可少些，如果牧草和虫体少时，必须增加人工补料。

（2）**补饲方法** 可根据鸡群食欲表现、产蛋表现等情况具体掌握。

①根据鸡群食欲表现。观察鸡的食欲，每天傍晚喂鸡时，鸡表现食欲旺盛，争抢吃食，可以适当多补；如果鸡不急于聚拢，不争食，说明已觅食吃饱，应少补。

②根据体重。根据鸡的体重情况确定补料，如果产蛋一段时间后，鸡的体重没有明显变化或变化不大，说明补料适宜；如果体重下降，应增加补料量或提高补料质量。

③根据鸡群产蛋表现。看鸡蛋的蛋重变化、产蛋时间、产蛋量变化等情况，确定补料量。

如果鸡蛋蛋重达不到品种要求而过小，说明鸡的营养不足，应该增加补料。柴鸡初产鸡蛋小，35 g 左右，开产后蛋重不断增加，一般 2 个月后可达 42~44 g。

④看鸡群产蛋分布。大多数鸡在 12:00 以前产蛋，产蛋量占全天产蛋量的 75%左右；如果产蛋时间分散，下午产蛋较多，说明补料不够。

⑤看鸡群产蛋率。开产后一般 70~80 天达到产蛋高峰，说明鸡的营养需要能够得到满足，补料得当；如果产蛋后超过 3 个月还没有达到产蛋高峰，甚至有时候出现产蛋下降，说明可能补料不足或存在管理不当等问题。林地养鸡时柴鸡的产蛋高峰一般在 60%以上，现代鸡产蛋率在 65%以上，在判断产蛋高峰时应与常规笼养鸡不同。

⑥观察鸡群健康。有没有啄羽、啄肛等啄癖现象，如果出现啄癖，说明饲料营养不均衡，或补料不足，应查清原因，及时治疗。

⑦根据季节变化适当调整饲料配方和补饲量。植被的生长情况与季节变化有关，要根据季节变化适当调整饲料配方和补饲量。林地养的鸡蛋黄颜色深、胆固醇含量低、磷脂含量高。冬季鸡采食牧草、虫体少，为保证所产鸡蛋的品质，要适当给鸡补充青绿多汁饲料，增加各种维生素的添加量，可加入 5%左右的苜蓿草粉等。

总之，林地养鸡，掌握科学、合理的补料方法和补料量是一项关键的技术，与养鸡的效益密切相关，甚至对林地养鸡成功与否起着决定性作用，一定要多观察、多总结，避免盲目照搬别人方法，要根据自己鸡群的具体情况灵活掌握。

3. 鸡蛋的收集

林地养鸡，鸡产蛋时间集中在上午，9:00—12:00产蛋量占一天产蛋量的85%左右，12:00以后产蛋很少。鸡蛋的收集应尽早、及时，以上午为主，高峰期可在上午捡蛋2~3次，下午1~2次。

集蛋前用0.01%新洁尔灭溶液洗手，消毒。将净蛋、脏蛋分开放置，将畸形蛋、软壳蛋、沙皮蛋等挑出单放。产蛋箱内有抱窝鸡要及时醒抱处理。

蛋壳洁净易于存放，外观好。脏污的蛋壳容易被细菌污染，存放过程中容易腐败变质，但鸡蛋用水冲洗后不耐存放，也不要用湿毛巾擦洗，可用干净细纱布将污物拭去，0.1%百毒杀消毒后存放。

要保持蛋壳干净，减少窝外蛋，保持垫草干燥、洁净，减少雨后鸡带泥水进产蛋箱等是有效的办法。

4. 淘汰低产鸡

林地养鸡时，鸡群的产蛋性能、健康状况和体型外貌都有很大差异，在饲养过程中要及早发现、淘汰低产鸡、停产鸡及病残鸡等无经济价值的母鸡，以减少饲料消耗，提高鸡群的生产性能和经济效益。低产、停产鸡大多数在产蛋高峰期后这一阶段出现，饲养过程中应该经常观察，及时发现、淘汰。

(三) 优质鸡育肥期的饲养管理

10周龄到上市前的阶段，是育肥期，是生长的后期。育肥期的目的是促进鸡体内脂肪沉积，增加肉鸡肥度，改善肉质和羽毛的光泽度，适时上市。

鸡体的脂肪含量与分布是影响鸡肉质风味的重要因素。优质鸡富含脂肪，鸡味浓郁，肉质嫩滑。鸡体的脂肪含量可通过测量肌间脂肪、皮下脂肪和腹脂做判断。一般来说，肌间脂肪宽度为

0.5～1 cm，皮下脂肪厚度为 0.3～0.5 cm，表明鸡的肥度适中；在该范围下限为偏瘦，在该范围上限为过肥。脂肪的沉积与鸡的品种、营养水平、日龄、性成熟期、管理条件、气候等因素有密切关系。优质鸡都具有较好的肥育性能，一般在上市前都需要进行适度的肥育，这是优质鸡上市的一个重要条件。

比较适宜在后期肥育的鸡种有惠阳胡须鸡、清远麻鸡、杏花鸡、石崎杂鸡、烟霞鸡，以及我国自己培育的配套杂交黄羽肉鸡中的优质型肉鸡。可在生长高峰期后上市前 15～20 天开始肥育。

1. 提高日粮能量水平

优质肉用鸡沉积适度的脂肪，可改善肉质，提高商品屠体外观质量。在饲料配合上，一般应提高日粮的代谢能，相对降低蛋白质含量。其营养要求达到代谢能 12～12.9 MJ/kg，粗蛋白质在 15% 左右。为了提高饲料的代谢能，促进鸡体内脂肪的沉积，增加羽毛的光泽度，饲养到 70 日龄以后可以在饲料中加入油脂 2%～5%。饲养地方品种，可供给富含淀粉的甘薯、大米饭等饲料。

2. 公鸡的去势肥育（阉割）

地方品种的小公鸡性成熟相对较早，通过阉割去势可以避免因公鸡性成熟过早而引起的争斗、抢料。阉割后公鸡生长期变长，沉积脂肪能力增强，阉鸡的肌间脂肪和皮下脂肪增多，肌纤维细嫩，风味独特，售价较高。一般认为地方品种优质鸡体重 1 kg 左右较为合适。去势前需停料半天，手术后每只肌注青霉素、链霉素 7 万～8 万单位，预防感染。公鸡在阉割 34 周龄后进行育肥。

3. 限制放养

肥育的优质鸡应限制放养，适度肥育。肥育的鸡舍环境应阴凉干燥，光照强度低。提高饲料的适口性，炎热干燥气候应将饲料改为湿喂，使鸡只采食更多的饲料。

4. 育肥饲料

育肥饲料应提高日粮脂肪含量，相对减少蛋白质含量，代谢能可达 12~12.9 MJ/kg，粗蛋白质在 15% 左右，在饲粮中添加 3%~5% 的动物性脂肪。

后期饲料尽量不用蚕蛹粉粕、鱼粉、肉粉等动物性蛋白，以免影响肉质风味，菜籽饼粕、棉籽饼粕对肉质、肉色有不利影响，应限量或尽量不用。不用羊油、牛油等油脂，以免将不良异味带到产品中，影响适口性。不添加人工合成色素、化学合成非营养添加剂及药物。应尽量选择富含叶黄素的原料，如黄玉米、苜蓿草粉、玉米蛋白粉，并可加入适量橘皮粉、松针粉、茴香、桂皮、茶叶末及某些中药，改善肉色、肉质，增加鲜味。

5. 疫病综合防治措施

及时接种疫苗，根据本地实际，重点做好鸡新城疫、马立克病、传染性法氏囊病等疫苗的免疫接种工作。合理使用药物预防细菌性疾病，及时驱虫。中后期要慎用药物，多用中草药及生物防治，尽量减少和控制药物残留而影响肉质。

6. 适时出栏

随着日龄的增长，鸡的生长速度逐渐减弱，饲料转化率也逐渐降低，但是鸡的肉质风味又与饲养时间的长短和性成熟的程度有关。应根据鸡的品种、饲养方式、日粮的营养水平、市场价格行情等情况决定适宜的上市日龄，一般在 120 日龄左右上市为宜。

出栏前需要抓鸡，抓鸡会对鸡群造成强烈应激，为了减轻抓鸡所带来的应激，抓鸡最好在天亮前进行，用手电照明，抓鸡要小心，最好抓住鸡的双腿，避免折断脚、翅，以免造成鸡的损伤而影响外观质量，降低销售价格。

二、林下养牛

林下养殖肉牛和奶牛，是利用林地夏季有树冠遮阴，比外界低 2~3 ℃ 而给牛创造良好的环境，适合牛的健康生长。同时，林木可吸收二氧化碳释放氧气，可灭菌滤毒、预防疾病、保护健康，还可净化空气、净化污水、消减污染。在林下养牛可减少绿化带建造费用，减少废水、废气对环境的污染，牛肉和牛奶产品更绿色环保。本节仅介绍肉牛养殖技术。

（一）牛场及圈舍建设

林下养牛场地要求地势高燥、向阳、平坦、避风、有缓坡。坡度以 1%~3% 为宜。要求水量充足，水质清洁。

牛舍的排列方式分为单列、双列、多列布局。一般规模小的牛场采用单列式布置，随着规模的扩大可采用双列式或多列式布置。

肉牛场一般分生活区、管理区、生产区和病牛隔离治疗区。4 个区的规划是否合理、各区建筑物布局是否得当直接关系到牛场劳动生产效率的高低，场区小气候状况和兽医防疫水平，影响到经济效益。

（二）牛的品种

国内较为优秀的肉牛品种有陕西的秦川牛、河南的南阳牛、山东的鲁西牛等，它们既可单独饲养，又可作为与外种肉牛杂交的母本。在我国饲养较多的国外优秀肉牛品种有西门塔尔牛、海福特牛、安格斯牛、利木赞牛、夏洛莱牛等，多用作杂交父本。

（三）犊牛的饲养管理

1. 新生犊牛的护理

清除口鼻黏液；断脐；生后 1 h 内让其吃到初乳。

2. 犊牛早期断乳

一般犊牛在 4~8 周龄断乳，称早期断乳。

3. 犊牛的管理

（1）犊牛的卫生管理　哺乳用具每次用完后要及时洗净，用前消毒；擦干犊牛口鼻周围残留的乳汁，防止养成舔癖；每日刷拭 1 次，保持牛体清洁，使犊牛健康，养成温驯的性格。

（2）犊牛栏的卫生　户外单栏培育的犊牛舍为一半敞开式单间，前面设一简单犊牛围栏，并有小饲槽与草架。群栏培育，3 月龄后由单栏转入群饲，每栏约 5 头。

（3）运动与放牧　犊牛应自 10 日龄起开始运动，逐渐增加运动量，第二个月后开始放牧。

（四）育成牛的饲养管理

育成牛又称后备牛、青年牛。育成牛在体型、体重、乳腺等方面发育迅速。相对而言，需要较多的能量及钙、磷的补充。饲养管理上往往过于粗放而导致体重不足。

1. 育成牛的饲养

（1）6~12 月龄的育成牛饲养　1 岁以内的育成牛仍需喂给适量的精料（1.5~3 kg/天）。为节约成本，可用尿素代替 20%~25% 的粗蛋白质。

（2）12 月龄至初次配种的育成牛饲养　只喂优质青粗料就能满足需要，青粗料质量差时可补给精料，并注意矿物质、食盐的补充。

（3）受胎至第一次产犊的育成牛饲养　妊娠前期仍按配种前的水平饲养。到产前 3 个月，饲料以优质青粗料为主，体积不宜太大，以免压迫胎儿，另外加喂精料 2~4 kg/天，喂量逐渐增加，以适应产后大量喂精料的需要。

2. 育成牛的管理

（1）分群　公母犊牛在 6 月龄后，必须分开饲养。

（2）刷拭　每天 1~2 次，每次 5 分钟。

（3）初次配种　体重达到成年牛的 70% 时可进行初次配种。

（五）生长肥育牛的饲养

1. 持续肥育

犊牛断乳后就转入肥育阶段进行肥育，直至达到出栏体重。其优点是饲养期短、增重高、总效率高。

2. "架子牛" 后期集中育肥

犊牛断乳后给予粗放的饲养管理，牧草条件差，犊牛不能持续保持较高的增重速度，形成 "架子牛"，应在屠宰前加强育肥，拉长饲养期并以后期补偿的方式使牛达到出栏体重。

三、林下养羊

林下养羊应根据各地不同情况，采取不同的生产方式，如地处山区的养羊户，有较大的放牧场地，广大的疏林山、成片林地均可养羊；地处平原的养羊户，放牧的场地较少，可半牧半舍饲。只有因地制宜选择放牧场地、建设羊舍和进行引种，避免超载过牧、羊舍拥挤和引种不当，才能取得好的经济效益。

（一）放牧方式

1. 自由放牧

自由放牧也叫无系统或无计划放牧，这种放牧是把牲畜赶到较大范围的草地上，让牲畜自由采食。

自由放牧的优点是简单易行、省工省钱，缺点是优良牧草易遭摧残，弃荒率高，浪费严重；放牧频繁，草地退化；难以维持季节内饲草平衡，降低畜产品质量和数量等。自由放牧常用连续放牧、季节放牧等放牧方式。在天然草地和山区草山草坡采用自由放牧较普遍，也可用于人工草地的放牧，但切忌重牧。

2. 分区轮牧

用竹片、铁丝或用带刺的一些羊不喜食的小灌木等材料将草地分隔划区，有计划地分片放牧羊群，让草场有一定的休闲恢复时间，不致因过牧而遭受破坏。划区最好是利用自然地势条件，如利用1~2个山头之间的自然隔离条件或河岸等隔开，这样可节省很多的材料和劳力。

这种放牧方法对草地的利用较为充分合理，可改善植被成分，提高草地生产能力；能防止家畜寄生虫病的传播。在草原和有草山草坡的地区均可采用。

按以下步骤进行分区轮牧。

①划定草场，确定载畜量。根据草场类型、面积及产草量，划定草场；结合羊的日采食量和放牧时间，确定载畜量。

②划分小区。根据放牧羊群的数量和放牧时间以及牧草的再生速度，划分每个小区的面积和轮牧1次的小区数。轮牧1次一般划定为6~8个小区，羊群每隔3~6天轮换1个小区。

③确定放牧周期。全部小区放牧1次所需的时间为放牧周期。

放牧周期（天）＝每小区放牧天数×小区数

放牧周期的确定主要取决于牧草再生速度。在我国北部地区，不同草原类型的牧草生长期内，一般的放牧周期：干旱草原30~40天，湿润草原30天，高山草原35~45天，半荒漠和荒漠草原30天。

④确定放牧频率。放牧频率是指在一个放牧季节内，每个小区轮回放牧的次数。放牧频率与放牧周期关系密切，主要取决于草原类型和牧草再生速度。在我国北方地区不同草原类型的放牧频率：干旱草原2~3次，湿润草原2~4次，森林草原3~5次，高山草原2~3次，荒漠和半荒漠草原1~2次。

⑤小区布局。要考虑从任何一个小区到达饮水处和棚圈不应超过一定距离。以河流作饮水水源时可将放牧地沿河流分成若干

小区，自下游依次上溯。如放牧地开阔、水源适中时，可把畜圈扎在放牧地中央，以轮牧周期为 1 个月分成 4 个区，也可划分多个小区；若放牧面积大，饮水及畜圈可分设两地，面积小时可集中一处。

各轮牧小区之间应有牧道，牧道长度应缩小到最小限度，但宽度必须足够（0.3~0.5 m）。应在地段上设立轮牧小区标志或围篱，以防轮牧时造成混乱。

⑥放牧方法。参与小区轮牧的羊群，按计划依次逐区轮回放牧；同时要保证小区按计划依次休闲。

（二）林地草场的载畜量

不同类型的草场草种和产量相差悬殊。

以 1981 年对浙江省草场的普查和自然草场的产草量的定点观察结果为例，不同草场的分布、产草情况和载畜能力如下。

（1）疏林类草场 有少量的乔木和成林的灌木，草本植物以芒草、野古草、金茅、野青茅和纤毛鸭嘴草为主，产草量低，平均每亩产鲜草 259 kg，约需 0.486 hm² 草地养 1 只羊（成年羊）。

（2）灌木草丛类草场 灌丛类植物较多，主要有白栎、杜鹃、胡枝子、盐肤木、牡荆、乌药、小果蔷薇、山蚂蝗和小杂竹等，这类草场群落分散，木质多，可食部分少，适宜放牧山羊。平均每亩产鲜草 268 kg，需 0.466 hm² 草地养 1 只羊。

（3）草丛类草场 植物种类以中禾为主，伴生一定比例的小灌丛。优势品种有芒草、野古草、蕨类、葛藤等中生或偏旱多年生植物，平均每亩产鲜草 383 kg，约需 0.333 hm² 草地养 1 只羊。

（4）草甸类草场 牧草质量较好，以大米草、牛鞭草、狗牙根、马唐、白茅和芦苇等为主体。平均每亩产鲜草 915 kg，每 0.133 hm² 草地可养 1 只羊。

（5）附带草场 包括林下草场、农隙地草场和林隙地草场，平均每亩产鲜草 550 kg，每 0.233 hm² （可利用面积）可养 1 只羊。林下草场每亩产鲜草 483 kg，每 0.267 hm² 可养 1 只羊。在成片的森林里，树木都已长高，在不过牧的情况下，羊对树木的破坏不大。

林间天然草场载畜量：会同县七里、小水村现有林间天然草地，平均每 0.173 hm² 可养 1 只羊，为留有余地，防止过牧，实施三区轮牧，每 0.267 hm² 林间草场养 1 只山羊是合理的。据放牧观察，无过牧生态现象。同时林地除木材收入外，每年 0.267 hm² 林地可生产出 1 个羊单位的畜产品，大大提高了土地的利用率和生产水平。

（三）选择适宜的放牧时期和放牧次数

1. 放牧时期

根据不同草地的牧草生长发育规律，应选择适宜的放牧时期，以利于再生草的生长，产量高，营养丰富。放牧时间不宜过早或过迟。放牧过早，会降低牧草产量，而混播的人工草地中的优良牧草会逐渐减少，影响产量和质量；放牧过晚，牧草品质、适口性、利用率和消化率都会降低。一般天然草地的放牧时期以多数牧草处于营养生长后期时为宜；混播多年生人工放牧草地，当禾本科牧草为拔节期、豆科牧草在腋芽发生期时放牧为宜。

2. 放牧采食高度

放牧后牧草剩余的高度越低，利用牧草越多，浪费越少，但牧草营养物质贮存量减少，再生能力减弱，抗寒能力也会降低，使产草量下降，须根据各类牧草的生物学特性和当地的土壤、气候条件确定适宜的放牧留茬高度。一般放牧留茬高度以 2~5 cm 为宜。轮换或混合畜群放牧，能提高载畜量，又可调剂放牧后的牧草留茬高度。

3. 放牧次数

放牧次数是指某一草地在一年中或牧草营养生育期内放牧的次数。放牧次数过多，牧草再生力弱，优质牧草会减少，草地易退化。必须根据草地牧草的生长发育规律、自然条件，确定适宜的放牧次数。

4. 放牧间隔时间

放牧间隔时间即第一次放牧结束到第二次放牧开始相隔的天数。放牧间隔时间，应根据牧草再生速度而定。当再生速度快，生长繁茂时，间隔的时间一般为 20~30 天；再生速度慢，牧草长势差，则放牧间隔时间应较长，一般为 40~50 天。

(四) 放牧羊群的组织和队形控制

1. 羊群大小

(1) 组群 组织放牧羊群应根据羊只的数量、羊别（绵羊与山羊）、品种、性别、年龄、体质强弱和放牧场的地形地貌而定。

羊数量较多时，同一品种可分为种公羊群、试情公羊群、成年母羊群、育成公羊群、育成母羊群、羯羊群和育种母羊核心群等。羊数量少，不能多组群时，应将种公羊单独组群，母羊可分成繁殖母羊群和淘汰母羊群。非种用公羊应去势，防止劣质公羊在群内杂交乱配，影响羊群质量的提高。

(2) 羊群大小 要根据羊的质量、生产性能和牧地的地形与牧草生长情况来定。一般种公羊群要小于繁殖群，高产性能的羊群要小于低产性能的羊群。地形复杂、植被不好、不宜大群放牧的地区，羊群要小。

在牧区放牧羊群的规模：繁殖母羊牧区以 250~500 只为宜，半农半牧区以 100~150 只为宜，山区以 50~100 只为宜，农区以 30~50 只为宜；育成公羊和母羊可适当增加，核心群母羊可适当减少；成年种公羊以 20～30 只为宜，后备种公羊以 40～60 只为宜。

2. 放牧羊群的队形与控制

为了控制羊群游走、休息和采食时间，使其多采食、少走路而有利于抓膘，放牧时应通过一定的队形来控制羊群。羊群的放牧基本队形主要有"一条鞭"和"满天星"两种。

（1）一条鞭　一条鞭是指羊群放牧时排列成"一"字形的横队。羊群横队里一般有 1～3 层。放牧员在羊群前面控制羊群前进的速度，使羊群缓缓前进，并随时命令离队的羊只归队，如有助手可在羊群后面防止少数羊只掉队。出牧初期是羊采食高峰期，应控制住带头羊，放慢前进速度；放牧一段时间后，羊快吃饱时，前进的速度可适当快一点；待到大部分羊只吃饱后，羊群出现站立不采食或躺卧休息时，放牧员在羊群左右走动，不让羊群前进；羊群休息反刍结束，再令羊群继续放牧。此种放牧队形适用于牧地比较平坦、植被比较均匀的中等牧场。春季采用这种队形，可防止羊群"跑青"。

（2）满天星　满天星是指放牧员将羊群控制在牧地的一定范围内让羊只自由散开采食，当羊群采食一定时间后，再移动更换牧地。散开面积的大小主要决定于牧草的密度。牧草密度大、产量高的牧地，羊群散开面积小，反之则大。此种队形适用于任何地形和草原类型的放牧地。对牧草优良、产草量高的优良牧场或牧草稀疏、覆盖不均匀的牧场均可采用。

（五）四季放牧技术要点

1. 春季放牧

躲青拢群，防止跑青。牧草刚萌发，羊看到一片青，却难以采食到草，常疲于奔青找草，增加了体力消耗，导致瘦弱羊只的死亡。啃食牧草过早，将降低其再生能力，破坏植被而降低产草量。所以这时要躲青拢群，放牧要稳，加强对羊群的控制。为了避免跑青，应选阴坡或枯草高的牧地放牧，使羊看不见青草，但在草根部分又有青草，羊只可以青草、干草一起采食，此期一般为两周时间。到牧草长高后，可逐渐转到返青早的牧地放牧。

注意羊贪青误食毒草而中毒。许多毒草返青早，长得快，幼嫩时毒性强，多生在潮湿的阴坡上，放牧时应加注意。可推迟放牧时间，等毒草长大、毒性变小时再放，或等羊在优质牧地吃半饱后，再到有毒草的地带放牧。羊吃半饱后，吃草时选择好草吃，或吃进毒草也会吐出来，空腹放牧的羊饥不择食，便容易吃进毒草且不易吐出来。同时注意放牧随时清除毒草和害草。

春季放牧前要将绵羊尾部和大腿内侧的羊毛剪掉，以免吃青拉稀结成大的粪块影响行动，羊眼周围的长毛也剪掉，便于羊采食；修蹄最好在下雨后或潮湿地带放牧一段时间，待蹄甲变软时修剪。

春季对瘦弱羊只可单独组群，适当予以照顾；对带仔母羊及待产母羊，留在羊舍附近较好的草场放牧，以便遇天气骤变，可迅速赶回羊舍。

2. 夏季放牧

早出牧，晚收牧，中午天热要休息，延长有效放牧时间。

夏季绵羊、山羊需水量增多，每天应保证充足的饮水，同时注意补充食盐和其他矿物质。

夏季选择高燥、凉爽、饮水方便的牧地放牧，可避免气候炎热、潮湿、蚊蝇骚扰对羊群抓膘的影响。

3. 秋季放牧

秋季牧草结籽，营养丰富，秋高气爽。气候适宜，是羊群抓油膘的黄金季节。

尽量延长放牧时间，中午可以不休息。做到羊群多采食、少走路。对刈割草场或农作物收获后的茬子地，可进行抢茬放牧，以便羊群利用茬子地遗留的茎叶和籽实以及田间杂草。

秋季也是母绵羊、母山羊的配种季节，要做到抓膘、配种两不误。在霜冻天气来临时，不宜早出牧，以防妊娠母羊采食了霜冻草而导致流产。

4. 冬季放牧

应延长在秋季草场放牧的时间，推迟羊群进入冬季草场的时间。

先远后近，先阴坡后阳坡，先高处后低处，先沟堑地后平地。

严冬时，要顶风出牧，但出牧时间不宜太早；顺风收牧，收牧时间不宜太晚。

注意天气预报，以避免风雪袭击。

妊娠母羊放牧的前进速度宜慢，不跳沟、不惊吓，出入圈舍不拥挤，以利于羊群保胎。

在羊舍附近划出草场，以备大风雪天或产羔期利用。

（六）补饲饲料

以放牧为主的绵羊、山羊，全靠放牧采食，不能满足其营养需要。加工调制和贮备足够的饲草饲料用于冷季补饲，是提高养羊业生产水平的重要措施之一。

1. 补饲定额

在枯草期，根据羊群放牧采食状况，及时开始补饲，补饲量从少到多直至翌年牧草返青、放牧采食能满足其营养需要为止。补饲量取决于羊群种类、放牧条件及补饲用料种类等。对当年断奶越冬羊羔应重点补饲。对种公羊和核心母羊群的补饲应多于其他种类羊。一般每只羊每天补饲 0.5~1.0 kg 干草和 0.1~0.4 kg 混合精料。有条件的应贮备青贮料、干草和秸秆氨化饲料。表

4-1列出西北地区肉羊及其高代杂种羊补饲定额，供参考。

表4-1　西北地区肉羊及其高代杂种羊补饲定额

单位：kg/（只·年）

类别	混合精料	多汁饲料	青干草
种公羊	180~360	105~210	180~360
成年母羊	30~45	75~150	75~150
育成公羊	27~45	30~45	38~75
育成母羊	15~30	30~45	38~75
羊羔	5~10	—	10~20

2. 补饲饲料的种类

补饲饲料的种类可分为植物性饲料、动物性饲料、矿物性饲料及其他特殊饲料。其中，植物性饲料包括粗饲料、青贮饲料、多汁饲料和精料，对羊特别重要。

要防止感染寄生虫。在肝片吸虫、绦虫、线虫等寄生虫的生活史中，螺、螨、蚂蚁等是中间宿主，这些宿主在潮湿、阴雨、晨露等环境中活动频繁。山羊如采食了寄生虫宿主密度大的饲草，就会感染寄生虫。在早晨和雨天不宜放牧，一般要待露水退去后再把羊群放出去；采割回来的鲜草，也应该晾干后再喂羊；有条件的应该对草地每年进行1次消毒。

（七）放牧家畜的供水和水源保护

放牧要保证羊有充分的饮水，在放牧中及时饮水，可以提高羊的食欲，促进采食，有利维持羊的健康，提高其生产性能，并能更好地利用放牧地。

1. 水源

放牧时应保证羊能按时饮上足够的清洁水。清洁的河流、井水和流动的池塘等都是良好的水源。停滞的水或污水，不利于家

· 109 ·

畜健康。

2. 饮水量、饮水次数

羊的饮水量，一般每天绵羊和山羊需要 3~5 kg，羔羊需要 1~2 kg。南方一些高山草地因牧草含水量大，夏季绵羊放牧一般不需额外饮水。

饮水次数因家畜种类、气候状况、饲料含水量而异。春季至少每天饮水 3 次，夏季每天 4 次，最好 2~2.5 h 饮 1 次水。

3. 饮水点的设置

饮水点要便利。如果放牧草地面积大，饮水点不能太少，饮水点之间的距离不能太远，以免羊因饮水耗费体力太多。

建立饮水点的距离，应以羊饮水往返不觉疲劳、不延误羊的饮水时间来规定饮水半径。

饮水半径应根据品种、年龄、季节及地形等因素而定。乳畜、母畜、幼畜及体弱、病、老畜的饮水半径应短些。冬季和春季饮水半径可以较长。母羊的饮水半径可以为 1.5~2 km、2~2.5 km、2.5~3 km，幼羊的饮水半径为 1 km。在丘陵起伏地区，饮水半径可以缩短 30%~40%。干旱草地，冬季地面有积雪，饮水半径可增长。牧草丰盛、水利条件好的草地，饮水半径可以缩短。

饮水点必须有提供人、畜饮水的各种建筑物和设备，包括集水建筑物、提水设备、蓄水池、饮水槽及饮水台等。

(八) 各类羊群的放牧管理

1. 绵羊群的放牧管理

绵羊毛长、毛细、体肥，在灌木较多、比较陡的山坡和树林中放牧都有困难，而适宜于平坦干燥的草原、平原、丘陵和灌木较少的山区饲养。

夏季绵羊放牧比山羊困难些，主要是因为丘陵山区有高、低地势，树木灌木遮阴，天一热，绵羊有扎在阴凉处不跟群的现象。放牧时，要选择阴凉少的牧坡放牧，多采用"满天星"放牧形式。

秋季抢茬时，由于绵羊多吃草和落地树叶，很少损害树木，可以适当地多放一些在茬地，既上膘快又比干坡好放牧。

2. 母羊群的放牧管理

母羊妊娠期，尤其是妊娠后期，放牧管理中要防止流产。春天要尽量避免羊喝消冰水，夏天防止羊吃露水草，秋天、冬天防止羊吃霜草或带冰草。不要让羊啃吃硝盐土。

放牧妊娠后期母羊时要近走、慢走，不要让羊越大沟。放牧时，最好选择平坦坡。

哺乳期母羊可以远牧，但是牧后容易疲乏，归圈后久卧不愿起来奶羔，饲养员要早晚轰一轰，让羊羔吃奶。在这段时间母羊要适当多喂些盐和其他矿物质饲料，促使羊羔长得快，母羊体质恢复快。

哺乳期的母羊消耗水分多，每天要让母羊饮足水。

刚断奶时母羊、羊羔要相隔远些放牧和住圈。相距近了，相互鸣叫不安，影响采食和休息。

3. 公山羊群的放牧管理

种公山羊胆大，活跃，放牧时口令要厉声高喊，使它有所畏惧才听从指挥。

公山羊在秋枯至跑青阶段喜啃臭椿树、杨树、榆树等的树皮和嫩枝，这时放牧要防止羊啃树。平时放牧要选树叶多的地方。无论何地有啃树的都要用示意口令驱赶，不能让羊随便啃，这样长期调教羊就不啃树了。

公羊经常出现爬跨现象。为了防止公羊爬跨，在公羊体壮时要多走路，放远坡，近坡留给其他羊群。被爬跨的多是在种公羊群中的羯羊或外群并来的羊。不要晚上并群，要早晨出牧时并群，可防止被爬跨。

第三节　林下绿色种养模式实例

一、林下种养

近年来，安徽省六安市霍山县单龙寺镇积极践行"绿水青山就是金山银山"的生态理念，坚持绿色发展，立足森林资源优势，积极探索林下种养殖、森林康养、森林旅游等林下经济新途径，推动产业发展，助力乡村振兴。

在单龙寺镇双龙村黄精种植基地，几位当地群众正在忙着给基地除草，这是单龙寺镇通过发动能人大户和村集体经济组织统一流转的方式，将现有林地进行整改，种植黄精，发展林下经济的缩影。据统计，全镇在乌牛河、迎水庵、双龙等村发展林下种植黄精约520亩，昔日的荒山坡，如今因为种植黄精，焕发出新的生机，实现华丽转身。下一步，各村还将利用高山林下冷凉气候特点，采取租用当地林地错季开展林下羊肚菌栽培，发展林下经济，聘用当地农户劳作，带动当地农户增收。

单龙寺镇白沙岭、扫帚河、双龙等村通过培育养殖大户、"党建+合作社+农户"等形式，积极利用林地面积约1 500亩发展林下养殖，其中林下养殖生态鸡约3 000只，林下养殖蜜蜂800箱，林下养羊约1 000只，实现了林业和养殖业互促协同发展。

单龙寺镇还积极争取实施竹采道、笋竹两用林抚育等项目，不断完善基础设施，规划建设屋脊水乡、白鹤洲摄影主题公园、含烟阁提档升级等，发展生态旅游、森林康养等绿色新兴产业，优化产业结构。下一步，单龙寺镇将继续做好"林"文章，盘活"林"经济，提升"林"效益，实现资源增长、林业增效、农民增收，助力乡村振兴。

（资料来源：安徽微资讯，2022年5月30日）

二、林下种竹荪

近年来，贵州省岑巩县依托独特的生态优势和丰富的林地资源，采取"党支部+公司+村集体+农户"的模式，大力发展林下食用菌、林下跑山鸡、林下跑山猪等林下经济产业，助力林农增收，有效带动林业与种植业、养殖业融合发展。2021年，岑巩县走马坪茶树菇林下经济示范基地被国家林业和草原局认定为第五批国家林下经济示范基地。

近年来，仙桥乡依托优越地理位置和气候条件，积极探究生态农业致富之路，推动"国储林+N"和"林+菌"的产业发展模式，发展林下特色竹荪种植。2022年，福泉市彭梨种养殖专业合作社在仙桥乡流转林地种植100亩竹荪，发展林下特色种植，带动农民增收致富。

走进仙桥乡麒麟山食用菌竹荪种植基地，50多名工人正穿梭在林间忙着起垄、下种、覆土、消毒、铺膜等，一派繁忙景象。

据了解，竹荪是一种珍贵的食用菌，素有"真菌皇后"美誉，是一种营养丰富、味道鲜美的绿色食品，越来越受到人们的青睐。2021年，仙桥乡通过招商引资引进专门从事种养殖，有优良种植技术和优质销售渠道的福泉市彭梨种养殖专业合作社发展种植竹荪。

据福泉市彭梨种养殖专业合作社负责人介绍，仙桥乡麒麟山的山林比较适合种植竹荪，他就选择了麒麟山。2022年的种植规模比2021年扩大了10~15倍，种植了100亩左右。2023年，计划带动更多人一起种上千亩，公司负责回收，有政府的大力支持，相信会做得更好，会带动更多人一起致富。

近年来，仙桥乡借"林"发力，盘活丰富的林地资源，积极探索发展林下经济，通过示范带动，发展竹荪种植等特色种植，以市场需求为导向，采取"公司+合作社+农户"发展模式，引进福泉市彭梨种养殖专业合作社等种植技术经营主体发展林下种植产业。

据仙桥乡林业站负责人介绍，仙桥乡依托国发〔2022〕2号文件，发展林下经济作物种植，可以带动地方百姓在门口务工，流转土地也能带来收益，同时，依托麒麟山旅游项目的开发，让外面的游客来吃我们的竹荪、草棚鸡，让他们有玩的、有吃的，同时把我们的产品带出去，做一个很好的效应。下一步我们会为企业做好服务，寻求更多有效的政策支持，让产业做得更大、更好，做好我们的品牌。

（资料来源：金台资讯，2022年5月17日）

三、桃园养鸡

"咯咯咯咯咯……"走进兵团农十二师三坪农场四连桃园，只见郁郁葱葱的桃树下，一群群鸡崽儿一边悠闲地呼吸着新鲜的空气，一边在草丛里悠闲地刨土、啄虫、啄草，构成了一幅草茂林丰、鸡鸣人乐的林下多元生态养殖图。

三坪农场四连，地处乌鲁木齐市西郊，紧邻3A级旅游景区亚心花海主题乐园，交通、资源、区位、客流量等条件优势，近年来农场大力支持"各连队种植+旅游+采摘"模式，蔬菜采摘园、水果采摘园、草莓主题公园等新种植业态发展迅速，深受周边消费者喜爱。

近年来，三坪农场四连紧紧围绕"绿水青山就是金山银山"的宗旨，积极创新发展思路，以"支部+合作社+种植户"的形式，完成桃树种植，大力推行"种果树+养家禽"的林下养殖模式，带领职工发展生态种养殖业，利用林下养殖成本低，见效快，劳动强度低，饲养方法简单等优势，积极推进良性循环发展，促进经济发展，多元生态种养殖成为职工增收致富的"绿色银行"。

林下生态养殖作为一种循环经济发展模式，不仅具有可观的经济效益，更具有一定的生态效益。在桃园里散养鸡，一方面，鸡粪可以作为果树的肥料，为树木提供有机肥，同时鸡啄食害虫，可以让桃树不打农药正常生长，以提高桃子的品质；另一方面，利用林间养鸡，鸡的流动范围大，抗病能力强，林地的青草、昆虫为鸡提供丰富的营养，提高了鸡肉和鸡蛋的口感，是真正的绿色无公害生态鸡和生态蛋。

"种果树+养家禽"的林下养殖模式极大地调动了广大种植户的生产积极性，也开发了种植户自由发展的智慧财富，为实现可持续发展增加了活力。三坪农场四连桃树种植户都发展了林下养殖行业，散养的畜禽不但在养殖过程中起到了为果园除草、除虫、增加有机肥、疏松土壤的作用，也为种植户降低了成本，增加了收入。与此同时，林下养殖的畜禽因摄入食物种类丰富、无添加剂，活动自由、应激较少，产出的肉类、蛋类等产品更绿色、质量高，也受到了市场的广泛欢迎。

（资料来源：兵团在线，2022 年 6 月 3 日）

第五章

农渔结合种养模式

农渔结合种养技术是一种结构比较简单的种养模式，常见的有种草养鱼的草基鱼塘、种桑养鱼的桑基鱼塘、种藕养鱼的莲田养鱼、种稻养鱼的稻田养鱼等模式。实施农渔种养循环技术，能够确保粮食稳产或基本不减产，效益明显提高，农渔产品符合无公害农产品质量要求。

第一节 草基鱼塘技术

一、草基鱼塘概述

当前的草基鱼塘技术是指在养鱼水体及其周围种植各种青饲料、绿肥，然后利用其作为养鱼饲料或肥料，提高养鱼产量，节约养鱼成本，增加经济效益。

按照我国基塘农业的类型划分，草基鱼塘是基塘农业的一个组成部分。所谓基塘农业，是在养鱼池塘四周堤基上种植不同的经济作物，如果树、甘蔗、饲料植物、蔬菜、花卉等。我国的基塘农业起始于明清时代，当时在广东、江苏、浙江一带就有果基鱼塘、桑基鱼塘、蔗基鱼塘。近40年来，有在湖北以及发展到全国许多省份的草基鱼塘，还有正在经济发达地区兴起的花基鱼塘。不同类型的基塘农业，在鱼池周围基埂上种植不同经济植物，但这些经济植物的肥料来源都取自鱼塘肥沃的淤泥。人们除从这些作物上获得其经济价值外，还间接地或直接地作为养鱼饲料或肥料，达到渔业与农业配套、综合经营、良性生态平衡、经济效益提高的目的。

二、草基鱼塘技术

1. 充分利用鱼池空间、底泥肥力、养鱼时间和太阳能

养鱼池很多，但那些鱼池最适合种青，种青后其养鱼效果多大，应进行调查和设计。

2. 建设池底大面积青饲料基地

草基鱼塘一般由沟、台、堤3个部分组成，现有种青养鱼的大部分池底是"回"字形沟，大面积湖泊则构成"回"字形或"田"字形沟，或划分为几块，块与块之间筑低堤。"沟"一般深0.5 m以上，宽2 m以上，占底面积的10%~20%。在种青期间，鱼种放入沟内培育。"台"即池底平台，台上种植青饲料。"堤"即池塘四周堤埂，为了在淹青期间能灌深水，应将堤抬高至2 m以上。

3. 引种栽培和合理利用优质高产青饲料植物

池底种植面积尽可能大，至90%，主要有水稻、稗草、小米草。平均鲜草（如水稻则包括稻谷）亩产为3 000~6 000 kg。

4. 套养大规格鱼种

为生产理想的各种鱼种，最好是按计划套养鱼种，并进行强化培育，尤其是解决湖泊大面积的鱼种要求，即数量大、规格大、品种多，因此必须实行套养。

5. 增加人工饲料和肥料

为了达到高产，除池底青饲料外，必须大量增加人工饲料和肥料。

注意，以青饲料为主的养鱼方式，有许多好处，但也有不利

于提高养殖经济效益的地方，特别是高产鱼塘，其不利之处包括泛池死鱼事故多、鱼类生长较慢、单位面积产量较低等。为此，建议高产鱼池应强调增加精饲料比例，以精饲料为主。

青饲料营养成分低，草鱼为了获取生长所需营养，不得不增加食量。使用配合饲料或精饲料时，每天进食量为体重的3%～5%；投喂青饲料为40%～60%，甚至更高。过量进食加重消化器官和呼吸器官生理负担，从而引起消化系统、呼吸系统疾病。据分析，草鱼呼吸频率随着进食量的增加而提高。空腹时其呼吸频率为68次/min，少量进食后为95次/min，饱食后达到123次/min。鳃腔往往张开很大，口腔扩张。当水中溶解氧下降时，呼吸频率进一步提高。投喂青饲料过多的鱼池，草鱼的赤皮、肠炎、烂鳃等疾病增多，而且一般药物治疗效果不明显，除了有细菌感染的因素存在，更重要的是饲养方法不当所致。

6. 做好池底草场的经营管理

科学地做好鱼塘全年生产计划，保证青饲料种植面积；控制好适宜池水水深，保证植物正常生长；定期检查鱼类生长速度，及时掌握饲料、肥料投喂情况，必要时调整计划；改善种青养鱼水质；及时了解鱼市场动态，高价位卖掉商品鱼，获得更高的经济效益。

第二节　桑基鱼塘技术

一、桑基鱼塘概述

桑基鱼塘模式是将蚕沙、人畜粪便、枯枝败叶等投入沼气池内发酵制成沼气作燃料，然后用沼气渣喂鱼，形成了"桑-蚕-气-鱼"的新型农业结构，获得了鱼、蚕、桑、气的全面丰收，是现代农业的典型。

二、桑基鱼塘技术

1. 建塘

新开桑基鱼塘的规格，要求塘基比为 1∶1。塘应是长方形，长 60~80 m 或 80~100 m，宽 30 m 或 40 m，深 2.5~3 m，坡比为 1∶1.5。将塘挖成"蜈蚣"形群壕，或并列式"渠"形鱼塘，6~10 口单塘，基与基相连，并建好进出水总渠及道路（宽 2~3 m）。这样有利于调节塘水、投放饲料、捕鱼、运输和挖掘塘泥等作业，也有利于桑树培管、采叶养蚕。新塘开挖季节以选择枯水、少雨的秋末冬初为宜。挖好的新塘要晒几天，再施些有机粪肥或肥水，然后放水养鱼。加强塘基管理，塘基桑树的生长、产叶量、桑叶质量直接影响茧、丝、鱼的产量和质量。因此，培管好塘基桑树、增加产叶量是提高桑基鱼塘整体效益的关键。塘基桑园的高产栽培技术，应坚持"改土、多肥、良种、密植、精管"十字措施，以达到快速、优质、高产的目的，实现当年栽桑，当年养蚕，当年受益。

2. 改土

挖掘鱼塘，使原来肥沃疏松的表土耕作层变为底土层，而原底土层填在塘基表面，作为新耕土层，虽有机质含量有所增加，但还原性物质增多。因此，在栽桑前应将塘基上的土全部翻耕 1 次，深度 10~15 cm，不破碎，让其冬天冰冻风化，增强土壤通透性能，提高土壤保水、保肥能力。若干年后，因桑基随着逐年大量施用塘泥肥桑而随之提高，基面不断缩小，影响桑树生长。所以，塘基要进行第二次改土工作，将高基挖低，窄基扩宽，整修鱼塘，使基面离塘常年最高水位差约 1 m，并更换老桑。

3. 多肥

应掌握增施农家肥和间作绿肥的原则。一是要施足栽桑的基肥，亩施拌有 30~40 kg 磷肥的土杂肥 5 000~10 000 kg，再施入粪尿 500~1 000 kg，或施饼肥 150~200 kg，并配合施用石灰 25~50 kg，改良酸性土壤。二是在桑树成活长新根后，于 4 月下旬至 5 月上旬施 1 次速效氮肥，每亩施 20 kg 尿素或 50 kg 碳酸氢铵，最好施用腐熟人粪尿 2 500~4 000 kg。7 月下旬再施 1 次，肥料用量较前次要适当增加一些，促进桑树枝叶生长，以利于用采叶饲养中秋或晚秋蚕。三是桑树生长发育阶段要求养 1 次蚕施 1 次肥。并注意合理间种豆科绿肥，适时翻埋。四是在冬季结合清塘，挖掘一层淤泥上基，这样既净化了鱼塘，又为基上桑树来年生长施足了基肥。

4. 良种

塘基栽桑，应选用优质高产的嫁接良桑品种，如湖桑 197、湖桑 199、湖桑 32 号、团头荷叶白及湘 7920 等，还应栽植 15% 左右的早、中生桑品种。

5. 密植

塘基因经过人工改土，土层疏松，挖浅沟栽桑即可。又因塘基地下水位高，桑树根系分布浅，宜密植。栽桑时采用定行密株，株行距以 33 cm×132 cm 或 50 cm×100 cm 为好，亩基栽桑 1 000~1 300 株。栽桑处须离养鱼水面 70~100 cm，桑树主干高 20~30 cm，培育成低中干树型。

6. 精管

塘基栽桑后，桑树中耕、除草、施肥、防治病虫害，合理采伐等培管都必须抓好，确保塘基桑园高产稳产，提高桑叶质量。

第三节　莲田养鱼技术

一、莲田养鱼概述

在农业产业结构调整中，莲田养鱼技术已在一些地方推广，这种种养殖相结合的立体农业生产新模式能充分利用自然资源，多层次产出，创造了亩产值近万元的好效益，管理技术也比较简单，易被农户接受。

二、莲田养鱼技术

1. 莲池选择

选用光照充足，离水源较近，周围无化工厂、纸厂等污染源侵扰的池塘水面，池面积以 3~8 亩为宜，最少不要小于 2 亩；水深以适合莲藕生长为主，根据生长需求，逐步调节水深，以适应藕和鱼类生长需求。农村房前屋后闲散的自然池塘，只要能保证水源，都可用来从事藕田养鱼。

2. 莲池建造

加高加固塘埂，使塘埂高出藕田最高水面 40~50 cm（一般莲藕田加水深度最高达 50 cm 左右），埂宽 30 cm，压紧压实，确保不塌不漏。在池塘相对的两角分别设进排水口，设置 2 层拦鱼设施。在当中开挖鱼沟和鱼窝，鱼沟呈"田"字形或"井"字形，宽 2~2.5 m，深 0.6~0.8 m；鱼窝开挖数个，可设在鱼沟交叉处，长、宽 2.5~3 m，深 0.8~1 m，这样在莲池施肥、用药、捕鱼时既便于集鱼，又便于鱼生长活动和集中投饵。鱼沟、鱼窝的面积占整个池塘的 1/4~1/3。整翻莲塘最好在栽种前一年的夏天，深翻土壤，促进草根腐烂，沤成肥料。

3. 种藕栽培

要求藕种新鲜，无切伤，无断芽。均匀种植，一般行距 1.5 m，株距 1~1.3 m。亩种植量在 200 kg 左右，栽植深度在 15 cm 左右，用手扒沟使藕芽皆向田内，藕头压实。然后放水、灌水，其顺序为浅、深、浅。具体而言，种藕后 10 天保持 10 cm 左右的浅水，利于提高地温促发芽。以后随着气温的升高及藕、鱼生长，逐渐加深水位到 40~50 cm。当藕芽长出 4~5 片立叶时，每亩施入 10 kg 尿素。6 月下旬，莲藕长势旺盛，进行第二次追肥，每亩施 15 kg 尿素、15 kg 钾肥，或者施 20 kg 复合肥，注意避免在烈日下施肥。

4. 鱼种放养

放养前 10 天左右，先清池消毒，具体消毒方法为每亩用块状石灰 40 kg，在水溶解后泼洒；对盐碱地莲池采用碳酸氢铵清理消毒，一般亩用碳酸氢铵 40 kg。莲池塘放养以鲤鱼、鲫鱼为主，搭配少量草鱼、鳊鱼、鲢鱼、鳙鱼等，草鱼要迟放，以免损害莲芽。3—6 月，每亩放养鲤鱼、鲫鱼种 250~350 尾，鲢、鳙鱼鱼种 100~150 尾，规格均以 20~30 尾/kg 为宜，7 月每亩再放养草鱼种 100~150 尾，规格以 5 尾/kg 左右为宜。

5. 日常饲养管理

（1）施肥　莲藕喜肥，除施足基肥外，还须及时追肥，一般每亩每次追施人畜粪肥 50~75 kg，每月追肥 2~3 次。

（2）投喂　鱼类投喂数量和次数应视水质、水温、天气以及饲料种类、养殖鱼种类规格及吃食鱼数量灵活掌握。原则是在 1 h 内将饵料吃完为宜，注意观察和判断，避免盲目性。例如，藕田以饲养鲶鱼为主，前期主要投喂肉酱、鱼粉、豆饼粉、玉米面等；以养鲤鱼、鲫鱼为主的藕田，最好投喂全价颗粒饲料，如经济欠佳，可投喂菜饼、豆饼、米糠等饲料。

（3）病虫防治 4 月以后，每月每亩用 15 kg 生石灰加水呈浆状全池遍洒 1~2 次，防治鱼病，改善水质环境。莲病主要是腐败病，发病时叶片发黄，主要由连作造成，注意预防；害虫有蚜虫等，可用 40%乐果乳油 1 500~2 000 倍液喷洒。喷洒农药时要注意用药适量，药液尽量不要喷入水中。

（4）加强巡查，防逃 莲池养鱼能否成功，防逃工作是重要一环，应坚持观察，每日巡查，发现问题及时处理。

第四节 稻田养鱼技术

一、稻田养鱼概述

稻田养鱼指利用稻田的浅水环境，辅以人为措施，既种植水稻又养殖水产品，使稻田内的水资源、杂草资源、水生动物资源、昆虫，以及其他物质和能源能更充分地被养殖的水生生物所利用，并通过所养殖的水生生物的生命活动，达到为稻田除草、除虫、疏土和增肥的目的，获得稻鱼互利双增收的理想效果。

二、稻田养鱼技术

1. 稻田工程建设

（1）鱼凼（鱼溜）的建设 鱼凼占总面积的 5%~8%，可建在田中央、田边或田角，开挖成方形或圆形鱼凼，鱼凼深 80 cm，与鱼沟中心相通，可在栽秧前 30~40 天挖鱼凼，挖成后每隔 10 天再整理 1 次，连续整理 3~4 次，鱼凼成形较好。

（2）鱼沟的建设 占总面积的 3%~5%。根据田块大小、形状开挖成"一"字形、"十"字形、"井"字形或"田"字形，沟宽 40~60 cm，沟深 30~40 cm，使横沟、纵沟、围沟连通。中心鱼沟顺长田边，在田中心开一条沟；围边鱼沟，离田埂 1.5 m 处开挖。

（3）加高加宽，加固田埂　在插秧前加高、加固田埂，经加固的田埂一般高 80~120 cm，宽 60~80 cm，并锤打结实以防大雨时垮埂或水漫出田埂逃鱼。

（4）开好进、排水口，安装拦鱼栅　进、排水口应开挖在稻田相对应的两角田埂上，使水流畅通。排水口的大小应根据田的大小和下暴雨时进水量的大小而定，以安全不逃鱼为准。进、排水口安装好拦鱼栅，防止逃鱼和野杂鱼等敌害进入养鱼稻田。拦鱼栅可用铁丝、竹篾等材料做，拦鱼栅长度为排水口宽度的 3 倍，使之成弧形，高度要超过田埂 10~20 cm，底部插入硬泥土 30 cm。

2. 养殖种类的选择、鱼种放养规格、放养量等的确定

（1）稻田养鱼　每亩可放体重 50 g 的鲤鱼种 150 尾，体重 50 g 的草鱼 70 尾或放养寸片鱼种 600~800 尾，放养比例，鲤鱼 60%~80%，草鱼 20%，鲫鱼 10%。一般经 8 个月的养殖，可收获成鱼 100 kg 或大规格鱼种 80 kg 左右。

（2）稻田养蟹　计划亩产商品蟹 20 kg 以上的，每亩放规格为 80~120 只/kg 的蟹种 4~5 kg；计划亩产商品蟹 30 kg 以上的，可放上述规格的蟹种 6~7 kg。也可实行鱼蟹混养，每亩放规格为 80~120 只/kg 的蟹种 2.5~3 kg，大规格鱼种 10~15 kg。

（3）稻田养青虾　通常每亩放规格 1.5 cm 以上的虾种 1.5 万~2 万尾，或放抱卵亲虾 0.3~0.5 kg，并可适当放养少量鲢鱼、鳙鱼夏花，以充分利用稻田水域空间和调节水质。

3. 科学投喂管理

日投饵量应视水温、水质、季节而定，一般日投饵量占池鱼体重的 3%~5% 或占池虾、蟹体重的 5%~8%。每天上午、下午

各投喂 1 次，投喂的饵料种类由养殖品种决定。河蟹、青虾为杂食性水生经济动物，植物性饵料、动物性饵料皆喜食，尤喜食动物性饵料，且有贪食的习性。因此，在河蟹、青虾饵料的组合与统筹上，应坚持"荤素搭配、精育结合"的原则，在充分利用稻田天然饵料的同时，还应多喂些水草、菜叶、南瓜等青饲料，辅以小杂鱼、螺丝等动物性饵料，实行科学投饵，使之吃饱吃好，促进生长。

4. 水质调控管理

养鱼稻田水位水质的管理，既要服务于鱼类的生长需要，又要服从于水稻生长要求干干湿湿的环境。因而，在水质管理上要做好以下几点。一是根据季节变化调整水位。4 月、5 月放养之初，为提高水温，沟内水深保持在 0.6~0.8 m 即可。随着气温的升高，鱼类长大，7 月水深可到 1 m，8 月、9 月，可将水位提升到最大。二是根据天气水质变化调整水位。通常 4—6 月，每 15~20 天换 1 次水，每次换水 1/5~1/4。7~9 月高温季节，每周换水 1~2 次，每次换水 1/3，以后随气温的下降，逐渐减少换水次数和换水量。三是根据水稻烤田治虫要求调控水位。当水稻需晒田时，将水位降至田面露出水面即可，晒田时间要短，晒田结束随即将水位加至原来水位。若水稻要喷药治虫，应尽量叶面喷洒，并根据情况更换新鲜水，保持良好的生态环境。

5. 日常管理

稻田养殖的日常管理，要求严格认真，坚持不懈，每天坚持早晚各巡田 1 次，注意查看水位变化情况、鱼类摄食活动情况和防逃设施完好程度等，发现问题及时采取相应的技术措施，并做好病害防治工作。

6. 注意事项

建设稻田工程，开厢挖沟时，应依水流或东西向开挖鱼沟，以利于增加排洪，增加稻田通风、透光和稻谷产量。

水稻治虫用药要恰当，敌百虫、敌敌畏等农药不能用，其他低毒高效农药的使用，要对鱼类没有为害，并采用喷雾的方法，用药后要及时换水。

第五节　农渔结合种养模式实例

一、莲鸭共生

浙江省丽水市莲都区因"莲"而得名，因"莲"而秀美。据介绍，莲都区种植白莲已有 1 400 多年历史。处州白莲为浙江省著名特产，是国家农产品地理标志登记保护产品，因产于丽水市（古称处州）而得名。

处州白莲具有粒大、饱满、色白、肉绵、味甘五大特点，为莲中之珍品，其性湿、味甘，有补中之益气、安心养神、活络润肺、延年益寿等功效，是名贵药材和高级营养滋补品。

近年来，莲都区委、区政府高度重视处州白莲产业的发展，"莲鸭共生"被列入全区"3+2+1"主导产业。老竹镇大力发展处州白莲，形成了十里处州白莲基地，并将产业发展与畲族文化、红色文化、摄影文化、休闲文化等相结合，逐步形成了"莲文化+"的农旅融合发展产业链。

值得一提的是，在白莲产业文旅融合的背后，"莲鸭共生"模式备受关注，"一亩田、百斤莲、千斤蛋、万元钱"的农业特色产业体系已然成形、正在"生金"富民。

"莲鸭共生"模式示范基地是老竹畲族镇在乡村振兴战略背景下，以传统白莲产业为基础，以"旅游+农业"作为发展模式，大力发展的休闲观光农业、生态体验农业，实现农业效益、农民收入、农村环境三提升。

"莲鸭共生"是将白莲种植与养鸭产业有机结合，利用鸭子在莲田的觅食、施肥等田间作业达到资源内循环的生态种养模式。

近年来，由于传统的种植模式限制了白莲产业发展空间。为了促进优势产业复苏崛起，进一步挖掘产业发展潜力，在区委领导和相关部门、专家的支持下，老竹畲族镇充分借鉴丽水市古代荷塘养鸭的历史，全面对比莲田养鱼、养虾、养鳖等种养模式，创新探索出"一亩田、百斤莲、千斤蛋、万元钱"的"莲鸭共生"农业特色产业体系。

"莲鸭共生"模式一方面利用了鸭子喜食螺丝、杂草的习性和鸭子粪的保肥能力，实现药肥减量、莲子增产；另一方面通过放养鸭子，既减少了饲料投喂，又大幅提升了鸭肉和鸭蛋品质。

据介绍，老竹畲族镇现有白莲种植近千亩，其中"莲鸭共生"基地 400 余亩。让莲田生"金"，替乡村"引流"，"莲鸭共生"模式为白莲产业发展和农民增收注入了新活力。现在夏季赏花游已经成为一种时尚，带动的不仅是老竹畲族镇白莲产业的发展，更带动了周边产业的兴盛，形成了一条产业融合发展、互促共赢的乡村农事节庆旅游发展新模式。每年白莲花期，大批市区居民和游客前往白莲基地赏花、摄影、游玩，附近的农家乐、民宿效益明显提高，进一步打开了农旅融合、多产联动发展的"开关"，全力助推乡村振兴建设。

（资料来源：中国发展网，2021 年 7 月 26 日）

二、"稻-虾"粮经复合增收路

四川省宜宾市兴文县"实心干事、科学作为""五共"模式走出"稻-虾"粮经复合增收路，促进农民增收致富，保障一产产值和农民增收稳定增长。

（1）基地共建　立足兴文县共乐镇地势平坦、水源丰富自然优势，探索发展"一水两用，稻虾共生"的粮经复合绿色种养循环主导产业。由镇、村集体资产公司高标准建设2万亩稻虾产业核心区，吸引8家小龙虾企业落地共乐镇，建设小龙虾温室大棚、虾苗育苗工厂化车间等设施，全力推进稻虾产业规模化发展。目前，连片发展稻虾基地2.5万亩。

（2）稻虾共生　利用稻田浅水环境，辅以人为工程、管理措施，在保障粮食安全的同时养殖淡水小龙虾，实现田面种稻，虾粪肥田，稻虾共生；大力发展反季节小龙虾，抢占窗口市场，提高产品销售价格。预计2022年产小龙虾1 200万kg、产值6亿元，稻米934万kg、产值1.89亿元。

（3）品牌共塑　全面推进"四川早虾""四川晚虾""稻虾富硒米"等品牌创建，成功注册"兴文石海小龙虾"地理标志证明商标，建设小龙虾商贸集散中心，有力提升兴文小龙虾品牌影响力。

（4）利益共享　采取"党组织+集体资产公司+企业+农户"利益联结模式，制定产业金、公益金、援助金"三金"使用制度，按照4：3：3进行分配使用，产业金投入镇级资产公司用于稻虾产业发展，公益金用于维护修缮公共设施，援助金用于救助困难群体。目前，投入产业金50万元。

（5）全域共乐　实施乡村治理建设、景观提升建设、道路提档升级等三大工程，大力发展观光农业、休闲农业、创意农业和生态农业，建设小龙虾体验馆，开发地方特色的小龙虾宴，着力打造全域共建、全域共享、全域共乐的农旅融合发展新模式。力争建成四川省五星级粮油（稻虾）现代农业园区。

（资料来源：宜宾市农业农村局，2022年5月12日）

第六章

废弃物资源化利用模式

第一节 畜禽粪便综合利用

一、畜禽粪便堆肥化技术

1. 堆肥概述

堆肥化是在微生物作用下通过高温发酵使有机物矿质化、腐殖化和无害化而变成腐熟肥料的过程，在微生物分解有机物的过程中，不但生成大量可被植物利用的有效态氮、磷、钾化合物，而且合成新的高分子有机物——腐殖质，它是构成土壤肥力的重要活性物质。

畜禽粪便是一种排放量很大的农业废弃物，其有机质含量丰富，且含有较高的氮、磷、钾及微量元素，是很好的制肥原料。畜禽粪便可以用来制造有机肥料和有机-无机复混肥。利用畜禽粪便和农作物秸秆进行高温堆肥是处理畜禽粪便的主要途径之一，是减轻其环境污染、充分利用农业资源最经济有效的措施。不同动物的粪便有不同的特性。

猪粪尿是一种使用比较普遍的有机肥，氮、磷、钾的有效性都很高。在积存时要加铺垫物，北方常用土或草炭垫圈，南方一般垫褥草。提倡圈内垫圈与圈外堆制相结合，做到勤起、勤垫，既有利于猪的健康，又有利于粪肥养分腐熟。禁止将草木灰倒入圈内，以免引起氮素的挥发流失。

牛粪的成分与猪粪相似，粪中含水量高，空气不流通，有机质分解慢，属于冷性肥料。未经腐熟的牛粪肥效低。牛粪宜加入秸秆、青草、泥炭或土等垫物，吸收尿液；加入马粪、羊粪等热性肥料，促进牛粪腐熟。为了防止可溶性养分流失，在堆肥表外抹泥，加入钙、镁、磷矿质肥料以保氮增磷，提高肥料质量。牛粪在使用时宜作基肥，腐熟后才可施用，以达到养分转化和消灭病菌、虫卵的作用，不宜与碱性物质混用。

鸡粪养分含量高，全氮是牛粪的 4 倍，全钾是牛粪的 3 倍。鸡粪应干燥存放，施用前再沤制，并加入适量的钙、镁、磷肥起到保氮作用。鸡粪适用于各种土壤，因其分解快，宜作追肥，也可与其他肥料混用作基肥。因鸡粪养分含量高，尿酸多，施用量每平方米不宜超过 3 kg，否则会引起烧苗。

马粪纤维较粗，粪质疏松多孔，通气良好，水分易于挥发；含有较多的纤维素分解菌，能促进纤维分解。因此，马粪较牛粪和羊粪分解腐熟速度快，发热量大，属热性肥料，是高温堆肥和温床发热的好材料。在使用时应注意：多采用圈外堆肥方式；在不用肥的季节应采取紧密堆积法，以免马粪在堆内好氧分解，使养分流失；与猪粪和牛粪混合堆积，能促进猪粪、牛粪的腐熟速度，也有利于马粪的养分保留；一般不单独使用，可作发热材料；冬季施用马粪，可提高地温；适合作基肥和追肥，但必须彻底腐熟；适合各种作物。

堆肥是将畜禽粪便和秸秆等农业固体有机废物按照一定比例堆积起来，调节堆肥物料中的碳氮比，控制适当水分、温度、氧气与酸碱度，在微生物作用下，进行生物化学反应而将废弃物中复杂的不稳定有机成分加以分解，并转化为简单的、稳定的有机物质成分。根据处理过程中微生物对氧气要求的不同，堆肥可分为好氧堆肥和厌氧堆肥。前者是在通气条件下借助好氧微生物活动使有机物得到降解，由于好氧堆肥的温度为 50~60 ℃，最高可达 80~90 ℃，所以又称为高温堆肥；后者是利用微生物发酵造肥，所需时间较长。

堆肥不仅是堆制材料的腐解和满足作物养分需求，通过堆沤还可达到无害化处理的目的。

2. 堆肥管理措施

（1）遮蔽　堆肥应避免风吹雨淋。如果堆肥未建在一个永久性的覆盖物下，可用塑料布或稻草来遮蔽肥堆。若用塑料布作遮蔽物，肥堆只能盖 10~14 天。在第一阶段发生剧烈发热过程，如遇晴天，要揭开塑料布，以便肥堆透气。稻草能有效挡雨，用稻草毡遮盖肥堆是个好办法。

（2）腐熟　堆肥腐熟的时间一般为 4~6 天，腐熟后，如有必要，随时可以撒到田地里。好的堆肥应能被作物轻松吸收且不像未腐熟粪肥那样妨碍根的生长和发育。测试堆肥是否腐熟可使用水芹的种子做发芽试验，如果肥料还未腐熟，水芹就不会发芽。

（3）翻堆　堆肥过程中，需定期进行翻堆，这有助于堆肥过程的再一次进行，可以用机器翻动肥堆。如果没有专门的翻堆设备，翻堆也可用前后装货机和撒粪机操作。

（4）场所　最好的堆肥场所是在农家院里或邻近院子的地方。在堆肥以前，原物质没什么气味，要运输的量也很大，而堆肥后只有很少的量。在农家院里堆肥能使肥堆中的流失物很容易地被再利用。水泥地虽然以最好的方式防止养分流失到地下，但是水泥地价格很贵。如果建立一个永久的地基，就得考虑隔离汇集的雨水，以便使需要保存的流水量最小。要注意任何操作都不要过多地使用机器。半渗透性的混凝土也能作为堆肥的好地基，这种地基可以减少污染。

（5）**污染问题** 近年来，由农业生产引起的污染问题已经引起了人们的关注。堆肥所产生的养分流失，加剧了这种污染。粪肥堆应用覆盖物盖上以防雨淋，最好是地面不透水并能将流出的粪水收集在一个槽内。

3. **堆肥方法**

（1）**高温堆肥** 在好氧条件下，将秸秆、粪尿、动植物残体、污水、污泥等按照一定比例混合，再混入少量的骡马粪或其浸出物，然后进行堆积。堆积可在地势较高的堆肥场上进行，地下挖几条通气沟，以 10 cm（深）×10 cm（宽）较为合适。沟上横铺一层长秸秆，堆中央再垂直插入一些秸秆束或竹竿以利于通气。然后，将已切碎的秸秆等原料铺上，宽 3 m，长度不限，厚度为 0.6 m 左右，在秸秆上铺上骡马粪，洒上污水或粪水，铺上其他牲畜家禽粪便，然后撒上些石灰或草木灰，如此一层一层往上堆积，使其形成 2~3 m 高的长梯形大堆。最后在堆表面覆盖一层 0.1 m 的细土，或用稀泥封闭即成。一些农村已建立了专门的堆肥库、堆肥仓，这种设施不仅操作方便、保存养分，而且对环境卫生也十分有利。在堆后 3~5 天，堆内温度显著上升，高者可达 60~70 ℃，能维持半个月，可保证杀灭其中所有危害人体健康和作物正常生长的病原菌、寄生虫卵、杂草种子。

（2）**活性堆肥** 在油渣、米糠等有机质肥料中加入山土、黏土、谷壳等，经混合、发酵制成肥料，这是日本从事有机农业生产最常用、最普遍的堆肥方式。

活性堆肥的原料包括有机质、土和微生物材料。有机质可分为动物有机质和植物有机质两大类。从组成的材料来看，原料以氮素原料和磷素原料为基础，氮素以油渣为主，磷素以骨粉和米糠为主。米糠的作用除了增加磷素外，更大的价值在于作为发酵的促进剂，其所含的各种成分较为平衡，可很好地促进有益微生物的繁殖，是制造活性堆肥不可缺少的原料。

堆肥原料的比例要根据作物的种类和栽培季节而定。对于氮素量要求大的黄瓜，应多使用油渣与鸡粪；对氮素量要求较少、磷素量要求较多的番茄要少用油渣，多用鱼粉和骨粉；对于要求具有良好口味的草莓等，可多用鱼粉、骨粉等动物有机质。

土是活性堆肥的一个重要原料，在堆肥时混入土，可使活性堆肥产生综合效果。加入土的标准量是全量的50%左右。土以保肥力强的山土最为理想。在一般情况下，山地、林地的处女土均可作为堆肥土的来源。禁止使用菜地土、病菌多的土、pH 值在3.0 以下的强酸土和混有砂的土。

堆肥主要用作基肥，如厩肥、新鲜绿肥、腐熟的畜禽粪便等，一般要配合施用一些偏氮的速效肥料，施用量一般为每亩施1~2 t。用量多时，可结合耕地犁翻入土，全耕层混施。用量少时，可采用穴施或条施的方法。腐熟的堆肥也可与磷矿粉混合用作种肥。无论采用何种方式施用堆肥，都要注意只要一启封，就要及时将肥料施入土中，以减少养分的损失。

二、畜禽粪便饲料化技术

畜禽粪便含有大量营养物质，如未消化的蛋白质、B 族维生素、矿物质元素、粗脂肪和一定的碳水化合物，也含有一些潜在有害物质，如重金属、抗生素、激素以及大量病原微生物或寄生虫。所以，畜禽粪便在作饲料时需控制用量或进行加工处理，以保证畜禽的安全。

（一）新鲜粪便直接作饲料

新鲜粪便直接作饲料主要用在那些复合养殖场中，如新鲜的鸡粪直接用来喂鱼、猪和牛。鸡的消化道比较短小，对食物吸收较少，所食饲料中70%左右的营养成分并未被吸收而排出体外，故鸡粪中含有丰富的营养物质，可代替部分精料来喂鱼、猪和牛等。鸡粪的成分比较复杂，含有病原微生物和寄生虫等，使用时可用一些化学试剂进行处理。

（二）畜禽粪便加工后作饲料

畜禽粪便不但含有大量的病菌，而且有大量的水分和极大的臭味，所以必须对其进行灭菌、脱水和除臭处理，以便可以更好地利用。

1. 青贮法

畜禽粪便可单独或与其他饲料一起青贮。这种方法经济可靠，投资少或不需投资。该方法能有效地利用畜禽粪便、秸秆和干草等农村废弃物，处理费用低，能源消耗少，产品无毒无味，适口性强，蛋白质消化率和代谢率都能显著提高，间接地节约了饲料费用。青贮后的鸡粪可以喂牛，25%~40%的牛粪可经青贮法处理后重新喂牛。青贮法中以鸡粪青贮效果最好，猪粪次之，牛粪最差。

2. 加曲发酵法

此法是用畜禽粪便和米糠、麦麸等加酒曲和水混合密封制成饲料。如用新鲜鸡粪70%、麦麸10%、米糠15%与酒曲5%，加入适量的水，充分混匀，入窖密封48~72 h即成饲料。

3. 干燥法

干燥法是一种简单处理畜禽粪便的方法。此法处理粪便的效率高、设备简单且投资少。干燥法处理后的粪便易于贮存和运输，并达到灭菌与除臭的效果。干燥法主要包括自然干燥、高温快速干燥和低温烘干等。

4. 分离法

目前，许多畜牧场采用冲洗式的清扫系统，收集的粪便都是液体或半液体的。如果采用干燥法、青贮法处理粪便，则能源消耗很大，造成能源的浪费。采用分离法，就是选用一定规格的筛和适当的冲洗速度，将畜禽粪便中的固体部分和液体部分分离开来，可以获得满意的结果。过筛的猪粪含 11%～12% 粗蛋白质，近 75% 是氨基酸；50% 的能量是消化能，46% 是代谢能；近 17% 的粗蛋白质可被母猪消化。在母猪怀孕期日粮中至少 60% 的干物质可被这种饲料代替。用这种饲料喂牛，其中的干物质、有机物、粗蛋白质和中性洗涤纤维比高质量的玉米青贮饲料中相应成分的消化率高。

5. 分解法

分解法是利用优良品种的蝇、蚯蚓或蜗牛等低等动物分解畜禽粪便，达到既提供动物蛋白又能处理畜禽粪便的目的。此法能得到较好的经济效益和生态环境效益，但前期灭菌、脱水处理和后期的蝇蛆收集以及温度等都较难控制，不易普及。

6. 沸石生物处理

沸石生物处理是将有益微生物厌氧发酵技术和添加饲用沸石物理吸附技术相结合，首先让大量的微生物驻扎在多孔沸石中，形成有益微生物占主导地位的沸石生物处理剂。沸石生物处理的饲料各项卫生指标均符合国家有关饲料卫生标准，可达到除臭、灭菌、无害化的饲料要求，并提高了蛋白质含量。

第二节　秸秆资源化利用

一、秸秆能源化技术

秸秆的碳含量很高，如小麦、玉米等秸秆的含碳量达到 40% 以上；小麦、玉米秸秆的能量密度分别为 13 MJ/kg、15 MJ/kg。

秸秆作为农村的主要生活燃料，其能源化用量分别占农村生活用能的 30%（小麦）、35%（玉米）。现行的秸秆能源化利用技术主要有秸秆直燃供热技术、秸秆气化集中供气技术、秸秆发酵制沼技术、秸秆压块成型及炭化技术等。

（一）秸秆直燃供热技术

作为传统的能量交换方式，直接燃烧具有简便、成本低廉、易于推广的特点，在秸秆主产区可为中小型企业、政府机关、中小学校和比较集中的乡镇居民提供生产、生活热水和用于冬季采暖。我国秸秆直燃供热技术起步较晚，适合我国农村使用、运行费用低于燃煤锅炉的小型秸秆直燃锅炉的研究正在进行之中。

（二）秸秆气化集中供气技术

秸秆气化是高效利用秸秆资源的一种生物转化方式。原料经过适当粉碎后，在缺氧状态下不完全燃烧，并且采取措施控制其反应过程，使其变成一氧化碳、甲烷、氢气等可燃气体。燃气经降温、多级除尘和除焦油等净化和浓缩工艺后，由罗茨风机加压送至储气柜，然后直接用管道供给用户使用。秸秆气化集中输供系统通常由秸秆原料处理装置、气化机组、燃气输送系统、燃气管网和用户燃气系统 5 个部分组成，供气半径一般在 1 km 以内，可以供百余户农民用气。秸秆气化经济方便、干净卫生。然而，大规模推行秸秆制气还需解决气化系统投资偏高、燃气热值偏低以及燃气中氮气与焦油含量偏高等问题。

（三）秸秆压块成型及炭化技术

秸秆的基本组织是纤维素、半纤维素和木质素，它们通常可在 200 ℃、300 ℃下被软化。在此温度下将秸秆软化粉碎后，添加适量的黏结剂，并与水混合，施加一定的压力使其固化成型，即得到棒状或颗粒状"秸秆炭"。若再利用炭化炉可将其进一步加工成具有一定机械强度的"生物煤"。秸秆成型燃料容重为

$1.2 \sim 1.4 \text{ g/cm}^3$，热值为 $14 \sim 18$ MJ/kg，具有近似中质烟煤的燃烧性能，且含硫量低、灰分小。其优点表现为：制作工艺简单、可加工成各种形状和规格、体积小、贮运方便；利用率较高，可达到 40% 左右；使用方便、干净卫生，燃烧时污染极小；除民用和烧锅炉外，还可用于热解气化产煤气、生产活性炭和各类"成型炭"。

二、秸秆肥料化技术

农作物秸秆中含有丰富的有机质和氮、磷、钾等营养元素，以及钙、镁、硫等中微量元素，是可利用的有机肥料来源。秸秆肥料化技术的关键是还田。秸秆还田技术有利于保存秸秆内的营养成分、增加土壤的有机质、培肥地力、提高作物产量、减少环境污染，是增效、增肥、改土的有效途径。

秸秆还田技术按粉碎方式可分为人工铡碎法和机械粉碎法两种。一是人工铡碎法。将秸秆铡碎后与水、土混合，堆沤发酵、腐熟，均匀地施于土壤中。二是机械粉碎法。在田间直接粉碎还田，在人工摘穗或机械摘穗的同时，用配套的粉碎机切碎秸秆，撒铺于地表，然后再用旋耕耙两遍，再次切碎茎秆，随之入土，此法工效高，质量好，适于大面积推广。

随着生态工程原理在农业上的深入应用，传统的秸秆还田技术也不断得到改进，由秸秆直接还田（一级转化）逐步转变为"过腹"还田（二级转化）和综合利用后还田（多级转化），使秸秆的物质和能量得到充分合理的利用，生产效益、经济效益和生态效益明显提高。

秸秆直接还田，即一级转化，又可分为秸秆就地翻压和制作秸秆堆肥。秸秆就地翻压还田的技术要求主要包括以下几种。一是秸秆还田要及时，应选择秸秆在青绿时进行，以便加快秸秆腐烂。二是采用联合收割机收获时，如果秸秆成堆状或条状，应采取措施将秸秆铺撒均匀，以免影响秸秆还田的效果。三是在机械作业前，应施用适量的氮肥，以便加速秸秆的腐烂。四是要及时耕地灭茬和深耕。五是要浇足塌墒水，防止架空影响幼苗生长。制作秸秆堆肥的具体做法是把铡碎的秸秆与适量的粪、尿、土混拌，经过有氧高温堆制，或直接圈成土杂肥。高温堆肥是根据不同的地区和不同的季节，分别用直接堆沤、半坑式堆沤、坑式堆沤的方法进行堆置；自然发酵堆肥是将秸秆直接堆放在地面上，踩紧压实后，在上面泼洒一定数量的石灰水或粪水，用稀泥或塑料布密封，使其自然发酵，该法简便易行，缺点是发酵过程缓慢，时间较长。秸秆直接还田是把原来的废料转化为植物能够利用的原料，尽管对秸秆的生产能力是最低限度的发挥，但在一定程度上可缓和土壤缺肥的矛盾。

秸秆过腹还田，即二级转化，是将秸秆作为饲料，经过动物利用后，排出粪便用于还田。过腹还田不仅提高了秸秆的利用效率，而且避免了秸秆直接还田的一些弊端，尤其是调整了施入农田有机质的碳氮比，有利于有机质在土壤中的转化和作物对土壤中有效态氮的吸收。

秸秆过腹还田的方法大体上有 3 种：直接饲喂、氨化后饲喂、微生物发酵处理后饲喂。氨化处理简称秸秆氨化，指将切碎的秸秆填入干燥的壕、窖或地上垛压实，浇氨水，氨化后的秸秆柔软，较适口，且秸秆吸收了一定的氨，对瘤胃动物补加了一定的无机氮，有利于其生长。微生物处理秸秆的方法较多，有秸秆发酵、微贮、糖化等，都是在一定的温、湿条件下，接种一定的菌种，使秸秆进行厌氧（或好氧）发酵后饲喂牲畜。微生物处理秸秆，提高了秸秆的营养价值，有利于养分的转化，适口性好，价格低，且不污染环境。

秸秆综合利用后还田，即多级转化。随着生态工程研究的发展，秸秆综合利用后还田的途径越来越多，一般的循环流程：秸秆先用来培育食用菌，菌渣作畜禽饲料（即菌糖饲料），或养蚯蚓，用蚯蚓喂鸡；畜禽粪便养蝇蛆喂鸡，粪渣用来制取沼气，沼渣用来培养灵芝；最后的废料再作肥料施于农田。

三、秸秆饲料化技术

秸秆作为一种牲畜粗饲料，其可消化的干物质含量占 30% ~ 50%，粗蛋白质含量占 2% ~ 3%。由于秸秆中含有蜡质、硅质和木质素，不易被消化吸收，因此，秸秆直接作饲料的有效能量、消化率和进食量均较低，必须经过适当处理以改变秸秆的组织结构，提高牲畜对秸秆的适口性、消化率和采食量。

（一）秸秆微贮饲料技术

秸秆微贮技术是将微生物高效活性的菌种——秸秆发酵活杆菌加入秸秆中，密封贮藏，经过发酵，增加秸秆的酸香味，变成草食动物喜欢食用的主饲料。该技术的特点如下。一是秸秆微贮饲料成本低、效益高。在微贮饲料中，每吨秸秆干物质只需 3 g 秸秆发酵活杆菌。其生产成本只有氨化秸秆成本的 17%，并且饲喂效果好于氨化秸秆。二是秸秆微贮饲料消化率高。秸秆微贮后，消化率提高 21.14% ~ 43.77%，有机物消化率提高 29.4%。三是秸秆软化，且有酸香味，能增加家畜食欲，可提高采食速度40%，食量增加 20% ~ 40%。

（二）秸秆热处理技术

秸秆热处理技术是指采用热喷技术或膨化技术，对秸秆进行热处理。

1. 热喷技术

热喷技术是指用由锅炉、压力罐、卸料罐等组成的热喷设备对饲料进行热喷处理。经过热处理的秸秆饲料，其采食量和利用率有所提高，秸秆的有机物消化率可提高 30%~100%。其中，湿热喷精饲料比干热喷粗饲料消化率高 10%~14%。如果用尿素等多种非蛋白氮作为热喷秸秆添加剂，其粗蛋白质水平和有机物消化率将有所提高，氨在瘤胃中的释放速度将降低。

2. 膨化技术

膨化技术是将原料连续经过调湿、加热、捏合后进入制粒机主体，由于螺杆、物料、脱气模与套筒间不断产生挤压、摩擦，使机内的气压与温度逐渐提高，处于高温、高压状态下的物料经模孔射出时，因机内气压和温度与外界相差很大，物料水分迅速蒸发，体积膨胀，使之形成膨胀饲料。其特点：适口性好，容易消化，饲料转化率高；膨化制粒后，体积增大而密度变小，保型性好；灭菌效果好，在膨化制粒过程中物料经高温、高压处理，能杀灭多种病菌；膨化料含水量较低，通常为 6%~9%，可长期保存。

（三）秸秆青贮技术

将青绿秸秆切碎成长度为 1~3 cm 的碎块后，放入窖中，当装至 20~25 cm 厚时，人工踏实。以此类推，直至装满（高出窖面 0.5~1 m），然后严密封顶。其要求：切碎长度要严格一致，添加尿素和食盐要拌均匀，踏实不留空隙，封顶不许有渗漏现象。一般经过 50~60 天便可饲喂。其优点是青贮饲料营养成分含量高，软化效果好，含水量一般在 70%左右，质地柔软、多汁、适口性好、利用率高，是反刍动物在冬、春季的理想青饲料。

（四）秸秆氨化技术

秸秆氨化技术指利用氨的水溶液对秸秆进行处理。氨化时，预先将含水量在 35%~40%的秸秆切成 2 cm 左右的长度，均匀地喷洒氨水或尿素溶液，然后用无毒塑料膜盖严密。经过氨化处理的秸秆，其纤维素、半纤维素与木质素分离，使细胞壁膨胀，结构松散；秸秆变得柔软，易于消化吸收；饲料粗蛋白质增加，含氮量增加 1 倍。

四、秸秆材料化技术

秸秆不仅可以用来生产保温材料、纸浆原料、菌类培养基、各类轻质板材和包装材料，还可用于编织业、酿酒制醋和生产人造棉、人造丝、饴糖等，或提取淀粉、木糖醇、糖醛等。这些综合利用技术不仅把大量的废弃秸秆转化为有用材料，消除了潜在的环境污染，而且具有良好的经济效益，实现了自然界物质和能量的循环。

（一）生产可降解的包装材料

用麦秸、稻草、玉米秸、棉花秸等生产出的可降解型包装材料，如瓦楞纸芯、保鲜膜、一次性餐具、果蔬内包装袋衬垫等，具有安全卫生、体小质轻、无毒、无臭、通气性好等特点，同时又有一定的柔韧性和强度，其制造成本与发泡塑料相当，但是大大低于纸制品和木制品。在自然环境中，可降解型包装材料在 1 个月左右即可全部降解为有机肥。

（二）生产建筑装饰材料

将粉碎后的秸秆按照一定的比例加入黏合剂、阻燃剂和其他配料，进行机械搅拌、挤压成型、恒温固化，可制得高质量的轻质建材，如秸秆轻体板、轻型墙体隔板、黏土砖、蜂窝芯复合轻质板等，这些材料成本低、重量轻、美观大方，而且在生产过程中无污染。目前，秸秆在建材领域内的应用已相当广泛，由于产品附加值高，且能节约木材，具有发展前景。

（三）生产工业原料

玉米秸、豆荚皮、稻草、麦秸、谷类秕壳等经过加工所制取的淀粉，不仅能制作多种食品与糕点，还能酿醋酿酒、制作饴糖等。如玉米秸含有 12%～15% 的糖分，其加工饴糖的工艺流程：原料—碾碎—整料—糖化—过滤—浓缩—冷却—成品。

（四）用作食用菌的培养基

秸秆营养丰富、成本低廉，适宜作为多种食用菌的培养料。目前国内外用各类秸秆生产的食用菌品种已达 20 多种，不仅包括草菇、香菇、凤尾菇等一般品种，还能培育出黑木耳、银耳、猴头菇、毛木耳、金针菇等名贵品种。一般 100 kg 稻草可生产平菇 160 g；而 100 kg 玉米秸秆可生产银耳或猴头菇、金针菇 50～100 kg，可产平菇或香菇等 100～150 kg。经测试分析，秸秆栽培食用菌的氮素转化效率平均为 20.9% 左右，高于羊肉（6%）和牛肉（3.4%）的转化效率，是一条开发食用蛋白质资源、提高居民生活水平的重要途径。

（五）用于编织业

秸秆用于编织业最常见、用途最广的就是用稻草编制草帘、草苫、草席、草垫等。

第三节　沼肥还田利用

沼气是一些有机物质（如秸秆、杂草、树叶、人畜粪便等废弃物）在一定的温度、湿度、酸度条件下，隔绝空气（如用沼气池），经微生物作用发酵而产生的可燃性气体。沼气综合利用是指将沼气及沼气发酵产物（沼液、沼渣）运用到生产过程中，是农村沼气建设中降低生产成本、提高经济效益的一系列综合性技术措施。沼气工程不仅促进了农业废弃物的综合利用，而且为农业生产和农民生活提供了能源，实现了沼液的综合利用，减轻了环境污染。

一、沼气发酵工艺

沼气处理系统主要由前处理系统、厌氧消化系统、沼气输配及利用系统、有机肥生产系统和后消化液处理系统 5 部分组成。前处理系统主要由固液分离、pH 值调节、料液设计等单元组成，作用在于去除粪便中的大部分固形物，按工艺要求为厌氧消化系统提供一定量、一定酸碱度的发酵原料。厌氧消化系统的作用是在一定温度、一定时间内将输送的液体通过甲烷细菌的分解进行消化，同时生成沼气的主要成分——甲烷。发酵温度一般分为常温（变温）、中温和高温。其中，常温发酵不需要对消化罐进行加热，投资小、能耗低、运行费用低，但沼气的产量低，有机物的去除和发酵速率也较慢，适用于长江以南地区。高温发酵需对消化罐进行加热，温度一般为 55~60 ℃，具有产气量大、发酵周期短及环卫效果好的优点；缺点是投资大、耗能高和运行费用高，目前主要用于处理城市粪便。中温发酵可根据我国南北气候的变化对发酵罐进行适当加热，温度控制在 28~35 ℃。由于中温发酵兼有常温发酵和高温发酵的一些优点，是目前大多数畜禽粪便处理优先采用的一种方法。沼气输配及利用系统主要由沼气净化系统（脱硫、脱水）、沼气贮存和运输管道、居民生活或生产用燃气等组成。有机肥生产系统是将前处理分出的粪渣和消化液沉淀的有机污泥混合，然后加工成商品有机肥料。该系统主要有腐熟、烘干、造粒、包装等单元，可以根据有机肥料市场的某些环节进行适当筛选。后消化液处理系统是保证厌氧发酵后的消化液最终能达到国家和地方的排放标准，或者能在一定的范围内自行受纳利用，对外实现零排放。

根据目的不同，沼气处理系统可分为生态型和环保型两种。

（一）发酵原料

人工制取沼气所利用的主要原料有畜禽粪便污水，食品加工业、制药和化工废水，生活污水，各种农作物秸秆和生活有机废物等。从是否溶于水来看，沼气发酵原料可分为固形物和可溶性的原料。

（二）沼气发酵原料的配比

沼气发酵原料配比选择的原则：一是要适当多加些产甲烷多的发酵原料；二是将消化速度快与慢的原料合理搭配进料；三是要注意含碳素原料和含氮素原料的合理搭配。鲜粪和作物秸秆的质量比为 2 : 1 左右，以使其碳氮比为 30 : 1。原料的碳氮比过高（30 : 1 以上），发酵不易启动，而且影响产气效果。农村沼气发酵原料的碳氮比以多少为宜，目前看法不一。有些学者认为在沼气发酵中，对原料的碳氮比要求不很严格。根据我国农村发酵原料是以农作物秸秆和人畜粪便为主的情况，在实际应用中，原料的碳氮比以（20~30）: 1 搭配较为适宜。

（三）原料堆沤

原料（包括粪和草）预先沤制进行沼气发酵，可使沼气中甲烷含量基本上呈直线上升，加快产气速度。秸秆堆沤的方法如下。

1. 高温堆沤

可根据不同地区和不同季节的气候特点，采用不同的高温堆肥方式。在气温较高的地区或季节，可在地面进行堆沤；在气温较低的地区或季节，可采用半坑式的堆沤方法；在严寒地区或寒冬季节，可采用坑式堆沤方式。该方法是一种好氧发酵，需要通入尽量多的空气和排除二氧化碳。坑式或半坑式堆沤应在坑壁上从上到下挖几条小沟，一直通到底，插几个出气孔。

2. 直接堆沤

这是农村常采用的方法，将秸秆直接堆在地面上踩紧，然后泼石灰水和粪水，最好是沼气发酵液，并用稀泥或塑料布密封，让其缓慢发酵（在发酵初期是好氧发酵，随后逐渐转入厌氧发酵）。这种方法效果比较缓慢，需要较长的时间，分解液流失比较严重，但方法简便，热能损耗较少，比较适合目前农村的实际情况，而且有富集发酵菌的作用。为了克服分解液的流失，有些地方对这种堆沤方式做了进一步改进，即在堆沤池进行直接堆沤。这样可以避免分解液的流失，原料损失很小，除了固体物能够充分利用外，分解液的产气速度也更快。在沼气池产气量不高时，加入一些堆沤池里的分解液可以很快提高产气量。

（四）接种物

有机废物厌氧分解产生甲烷的过程，是由多种沼气微生物来完成的。因此，在沼气发酵池启动运行时，加入足够的所需微生物，特别是产甲烷微生物作为接种物（亦称菌种）是极为重要的。原料堆沤，而且添加活性污泥接种物，产甲烷速度很大，第六天所产沼气中的甲烷含量可达 50% 以上。发酵 33 天，甲烷含量达到 72% 左右。这说明沼气发酵必须有大量菌种，而且接种量与发酵产气有直接的关系。

城市下水污泥、湖泊和池塘底部的污泥、粪坑底部沉渣都含有大量沼气微生物，特别是屠宰场污泥、食品加工厂污泥，由于有机物含量多，适于沼气微生物的生长，因此是良好的接种物。大型沼气池投料时，由于需求量大，通常可用污水处理厂厌氧消化池里的活性污泥作接种物。在农村，来源较广、使用最方便的接种物是沼气池本身的污泥。对农村沼气发酵来说，当采用下水道污泥作为接种物时，接种量一般为发酵料液的 10%~15%；当采用老沼池发酵液作为接种物时，接种数量应占总发酵料液的 30% 以上；当以底层污泥作为接种物时，接种数量应占总发酵料液的 10% 以上。使用较多的秸秆作为发酵原料时，须加大接种物数量，其接种量一般应大于秸秆质量。

二、沼气的产生

（一）建池

沼气池的建设是沼气产生的第一步。沼气池的种类很多，按储气方式划分为水压式沼气池、气袋式沼气池和分离浮罩式沼气池。水压式沼气池较适于农村庭院的布局和管理，是目前推广较为普遍的池型。沼气池按结构的几何形状划分为圆柱形、球形、扁球形、长方形、拱形、坛形、椭球形、方形等。其中，圆柱形沼气池最为普遍，其次是球形和扁球形。按埋设位置划分为地上式、地下式、半地下式沼气池。一般农户均采用地下式。按建池材料划分为砖、石材料；混凝土材料；钢筋混凝土材料；新型材料，即所谓高分子聚合材料，例如聚乙烯塑料、红泥塑料、玻璃钢等；金属材料。按发酵工艺流程划分为高温发酵（一般为50~55 ℃）、中温发酵（35~38 ℃）、常温发酵（10~28 ℃）、连续发酵、半连续发酵、两步发酵、单级发酵。按使用用途划分为用气型、用肥型、气肥两用型、沼气净化型。按池内布水、隔墙构造划分为底出料水压式沼气池、顶返水压式沼气池、强回流沼气池、曲流布料水压式沼气池、过滤床式水压沼气池。

（二）投料

新池或大换料的沼气池，经过一段时间养护，试压后确定不漏气、不漏水，即可投料。发酵原料按要求做好"预处理"，并准备好接种物。接种物数量以相当于发酵原料的 10%~30% 为宜。将准备好的发酵原料和接种物混合在一起，投入池内。所投原料的浓度不宜过高，一般控制在干物质含量的 4%~6% 为宜。以粪便为主的原料，浓度可适当低些。

（三）加水封池

发酵池中的料液量应占池容积的 85%，剩下的 15% 作为气箱。加水后立即将活动盖密封好。

（四）放气试火

当沼气压力表上的水柱达到 40 cm 以上时，应放气试火。放气 1~2 次后，由于产甲烷菌数量的增长，所产气体中甲烷含量逐渐增加，所产生的沼气即可点燃使用。

三、沼气池的管理与保养

（一）进出料

为了保证沼气细菌有充足的食物和进行正常的新陈代谢，使产气正常而持久，要不断地补充新鲜的发酵原料、更换部分旧料，做到勤加料、勤出料。

1. 进、出料数量

根据农村家用池发酵原料的特点，一般以每隔 5~10 天进、出料各 5% 为宜。对于"三结合"的池子，由于人畜粪尿每天不断自动流入池内，平时只需添加堆沤的秸秆发酵原料和适量的水，保持发酵原料在池内的浓度。同时要定期小出料，以保持池内一定数量的料液。

2. 进、出料顺序

进、出料顺序为先出后进。出料时应使剩下的料液液面不低于进料管和出料管的上沿，以免池内沼气从进料管和出料管跑掉。出料后要及时补充新料，如一次发酵原料不足，可加入一定数量的水，以保持原有水位，使池内沼气具有一定的压力。

3. 大出料次数

一年应大出料 1 次或 2 次。大换料前 20~30 天，应停止进新料。大出料后应及时加足新料，使沼气能很快重新产气和使用。出料时以沉淀和难以分解的残渣为主，同时必须保留 20% 左右的沼液作为接种物，以便进新料后能及时产气。

（二）搅拌

经常搅拌可以提高产气率。农村家用池一般没有安装搅拌装置，可用下面两种方法进行搅拌：从进、出口搅拌；从出料间掏出数桶发酵液，再从进料口将次发酵液冲到池内，也起到搅拌池内发酵原料的作用。

（三）发酵液 pH 值的测定和调节

沼气细菌适宜在中性或微碱性环境条件下生长繁殖（pH 值 6.8~7.6），酸碱性过强（pH 值小于 6.5 或大于 8.0）都对沼气细菌活动不利，使产气率下降。可以用 pH 值试纸测量池内的 pH 值，当沼气池内的 pH 值小于 6.0 时，可以加入适量的澄清石灰水或草木灰来加以调节，提高沼液的 pH 值；当沼气池内的 pH 值大于 8.0 时，必须及时取出一定数量的沼液，重新投料启动。

（四）数量的调节

沼气池内水分过多或过少都不利于沼气细菌的活动和沼气的产生。若含水量过多，发酵液中干物质含量少，单位体积的产气量就少；若含水量过少，发酵液太浓，容易积累大量有机酸，发酵原料的上层就容易结成硬壳，使沼气发酵受阻，影响产气量。

（五）安全管理与安全用气

沼气池的进、出料口要加盖，以免小孩和牲畜掉进去，造成人、畜伤亡。同时也有助于保温。

要经常观察水柱压力表。当池内压力过大时不仅影响产气，甚至沼气有可能冲开池盖。如果池盖被冲开，应立即熄灭附近的烟火，以免引起火灾。在进料和出料时也要随时注意观察水柱压力表的变化。在进料时如果压力过大，应打开导气管放气，并要减慢进料的速度。出料时如果水压表上出现负压则应暂时停止用气，等到压力恢复正常后才能用气。

严禁在沼气池内出料口或导气管口点火，以免引起火灾或造成回火，致使池内气体猛烈膨胀，爆炸破裂。

沼气灯和沼气炉不要放在衣服、柴草等易燃品附近，点火或燃烧时也要注意安全。特别应经常检查输气系统是否漏气和是否畅通。若有漏气，当揭开活动盖出料时，不要在池子周围点火、吸烟。在进入池内出料、维修和补漏时，不能用明火。

四、沼气、沼液、沼渣的综合利用

沼气的综合利用不仅要重视沼气的利用，而且要将沼渣和沼液加以综合利用。

（一）燃料

沼气是一种综合、再生、高效、廉价的优质清洁能源。3~5人的农户，修建一个同畜禽舍、厕所相结合的三位一体沼气池，人畜粪便自流入沼气池发酵，每口沼气池年产沼气超 300 m^3。一年至少 10 个月不烧柴、煤，可节柴 1 500~2 000 kg。

（二）生产

1. 储粮

将沼气通入粮囤或贮粮容器内，上部覆盖塑料膜，可杀死为害粮食的害虫，有效抑制微生物繁殖，保持粮食品质，避免粮食贮存中的药物污染。

2. 保鲜和贮存农产品

沼气贮存农产品是利用甲烷无毒的性质来调节贮藏环境中的气体成分，造成一种高二氧化碳、低氧气的状态，以控制果蔬、粮食的呼吸强度，减少贮藏过程中的基质消耗。沼气保鲜果品，贮藏期可达 120 天，且好果率高、成本低廉、无药害。

3. 在大棚生产中的应用

沼气在蔬菜大棚中的应用主要有两个方面，一是燃烧沼气为大棚保温和增温，二是将沼气中的二氧化碳作为气肥促进蔬菜生长。

4. 燃烧发电

沼气发电是随着沼气综合利用的不断发展而出现的一项沼气利用技术，它将沼气用于发动机上，并装有综合发电装置，以产生电能和热能，是有效利用沼气的一种重要方式。

(三) 沼肥

沼肥是制取沼气后的残留物，是一种速缓兼备的多元复合有机肥料，沼液和沼渣中含有 18 种氨基酸、生长激素、抗生素和微量元素，是高效优质的有机肥。一个 6~8 m^3 的沼气池可年产沼肥 9 t，沼液的比例占 85%，沼渣占 15%。沼渣宜作底肥，一般土壤和作物均可施用，长期连续使用沼渣替代有机肥，对各季作物均有增产作用，还能改善土壤的理化特性，积累土壤有机质，达到改土培肥的目的。沼液是有机物经沼气池制取沼气后的液体残留物，养分含量高于贮存在敞口粪池中同质、同量原料腐解的粪水。与沼渣相比，沼液养分较低，但是沼液中速效养分高，宜作追肥。施用沼肥可提高农作物品质，减少病虫害，增强作物抗逆性，减少化肥、农药用量，改良土壤结构。

沼肥生产的关键技术如下。

1. 严格密闭

沼气细菌是绝对厌氧性微生物，在建池时一定要做到全池不漏水、气箱不漏气，给沼气细菌创造严格的厌氧条件。

2. 接种沼气细菌

初次投料时，要进行人工接种沼气细菌。菌种来源是产气好的老沼气渣、老粪池池渣及长年阴沟污泥。此外，在每次清除沼渣作肥料时，应保留部分沼渣作为菌种，以保证沼气池继续正常发酵。

3. 配料要适当

畜禽粪便、青草、秸秆、枯枝落叶、污水和污泥等有机物都可用作发酵原料，但各种原料的产气量和持续时间不同。在原料中要考虑沼气细菌的营养要求，既要供给充足的氮素和磷素，以利于菌体的繁殖，又要有充足的碳水化合物，才能多产气。沼气的产量与原材料的碳氮比有关。据试验，碳氮比以调节在（30~40）∶1 较好，在投料时要因地制宜，适当搭配，合理使用。

4. 适量水分

水分是沼气发酵时必不可少的条件，但加水过多，发酵液中干物质少，产气量少，肥效低；水分过少，干物质多，易使有机酸积累，影响发酵，同时容易在发酵液面形成粪盖，影响产气。在南方，沼气池加水量约占整个原料的 50%。

5. 温度

沼气池微生物的发酵一般为中温型，最适温度为 25~40 ℃。

（四）沼液浸种

沼液浸种就是利用沼液中所含的"生理活性物质"、营养组分以及相对稳定的温度对种子进行播种前的处理。它优于单纯的"温汤浸种""药物浸种"。沼液浸种与清水浸种相比，不仅可以提高种子的发芽率、成活率，促进种子生理代谢，提高秧苗品质，而且可以增强秧苗抗寒、抗病、抗逆性能，对蚜虫和红蜘蛛有很好的防治效果，对蔬菜病害、小麦病害和水稻纹枯病均有良好的防治作用，具有良好的增产效果和经济效益。

技术要点如下。

1. 对种子的要求

要使用上年生产的新种、良种。浸种前对种子进行翻晒，通常需要晒 1~2 天。对种子进行筛选，清除杂物、秕粒，以确保种子的纯度和质量。

2. 对沼液的要求

应使用大换料后至少 2 个月以上的沼气池沼液。浸种前几天打开沼气池出料间盖板，在空气中暴露数日，每日搅动几次，使少量硫化氢气体逸散，并清除料间液面浮渣。

3. 浸种时间

根据不同品种、地区、土壤墒情确定浸种时间。要在本地区进行一些简单的对比试验后确定。

4. 操作

将要浸泡的种子装入透水性好的编织袋或布袋中，种子占袋容的 2/3，将袋子放入出料间沼液中。

5. 种子沥干

浸好的种子取出用清水洗净，沥去水分，摊开晾干后用于催芽或播种。

（五）沼液养殖

1. 沼液喂猪

沼液喂猪并不是指用沼液替代猪饲料，而只是把沼液作为一种猪饲料的添加剂，起到加快生长、缩短肥育期、提高肉料比的目的。沼液中游离的氨基酸、维生素是一种良好的饲料添加剂，猪食后贪吃、爱睡、增膘快，较常规喂养增重 15% 左右，可提前 20~30 天出栏，节约饲料 20% 左右，每头猪可节约成本 30 余元。

技术要点如下。

①沼气池正常产气 3 个月后取沼液，6 个月后取沼渣。

②沼渣配比：平均掺和沼渣（干物质含量）占饲料量的 15%~20%。

③湿度：拌和后手捏成团，松开即散。

④发酵时间：冬季 48 h 左右，夏季 4~6 h，待沼渣中臭味已除，饲料呈酒香味时摊开饲料用于喂养。

2. 沼液养鱼

通常利用沼液、蚕沙、麦麸、米糠、鸡粪配成饵料养鱼。养鱼用的沼液不必进行固液分离处理，通常所含的固形物比用于叶面喷洒的沼液要多。沼液和沼渣可轮换使用。由于沼液有一定的还原性，放置3h以上使用效果会更好。沼液施入池塘后可减少鱼饵消耗，也减少了鱼病。

技术要点如下。

①配方中沼液为28%、蚕沙为15%、麦麸为21%、鸡粪为6%。配制方法是米糠、蚕沙、麦麸用粉碎机碎成细末，然后加入鸡粪，再加沼液搅拌晒干，在70%干度时，用筛子格筛，制成颗粒，晒干保管。

②喂养比例：鲢鱼20%、草鱼60%、鲤鱼15%、鲫鱼5%。撒放颗粒饵料要有规律性，定地点，定饵料。

（六）沼渣栽培蘑菇

沼渣养分全面，其中所含有机质、腐植酸、粗蛋白质、全氮、全磷以及各种矿物质能满足蘑菇生长的需要。沼渣的酸碱度适中、质地疏松、保墒性好，是人工栽培蘑菇的良好培养料。沼渣栽培蘑菇具有成本低、效益高、省料等优点。

技术要点如下。

1. 备料

选用正常产气并在大换料后3个月以上的沼气池。去除沼渣晾干，捣碎过粗筛后备用。新鲜麦秸或稻秸铡成30 cm长的小段备用。秸秆与沼渣的配比为1:2。

2. 培养料制作

将秸秆用水浸透发胀，与沼渣顺序平铺，并向料堆均匀泼洒沼液，直到料堆浸透为止。通常用料质量比为沼渣:秸秆:沼液=2:1:1.2。堆沤7天后，测得料堆中部温度达到70 ℃，开始第一次翻堆，并加入沼渣质量3%的硫酸氢铵、2.5%的钙镁磷肥、6.3%的油枯、3%的石膏粉。混合后再堆沤5~6天，到料堆中部温度达到 70 ℃时进行第二次翻料。此时，将 40%的甲醛用水稀释 40 倍后对料堆消毒，继续堆沤 3~4 天，即可移入苗床作为培养料使用。

第四节　其他农业废弃物利用

一、绿肥

绿肥是各种能够收集到的用于还田提高土壤肥力的青草、嫩树枝、树叶等，可分野生绿肥和栽培绿肥两大类。以新鲜的植物体就地翻压或经堆沤制肥为主要用途的栽培植物统称为绿肥作物。翻压绿肥的农艺措施叫压青。绿肥是被用作肥料的绿色植物，它含有氮、磷、钾等多种植物养分和有机质，它们的共同特点是属于偏氮有机肥料，是有机农业生产中一项非常重要的有机肥源。

我国绿肥作物资源丰富，常用的绿肥作物有 80 多种，其中大多数属于豆科。绿肥的主要种类有紫花苜蓿、紫云英、毛苕子、三叶草、黑麦草等。

绿肥还田的具体做法很多，但大体有两种形式：一是沤制还田；二是直接还田。沤制还田是将绿肥和粪肥混合后沤制腐熟，作为基肥翻压到土壤中，一般以野生绿肥为主；直接还田是将绿肥刈割后撒铺于地表，翻压在土壤中作基肥，一般以栽培绿肥为主。

绿肥还田的技术有各种形式，有的覆盖，有的翻入土中，有的混合堆沤。这里介绍效果比较好的几种绿肥配合秸秆还田方法。一是麦秸还田后复种绿肥。麦收后同时抛撒麦秸于地表，通过耙地灭茬与 0~10 cm 土层混拌，随后复种速生绿肥（如蓝豌豆等），至晚秋翻压绿肥。二是小麦或玉米间种豆科绿肥（如草木樨等）。小麦高茬收割（以不影响绿肥生长为度），玉米采用人工摘棒后，单机粉碎秸秆抛撒，秋季同时翻埋秸秆和绿肥。三是谷类秸秆还田后单种绿肥，秸秆粉碎耙茬还田或浅翻深松还田后，翌年单种绿肥（以豆科为主），秋季再翻埋绿肥。

二、沤肥

沤肥是另外一种发酵形式，是利用秸秆、山草、水草、牲畜粪便、肥泥等就地混合，在田边地角或专门的池内沤制而成的肥料，其沤制的材料与堆肥相似，所不同的是沤肥是厌氧常温发酵，原料在淹水条件下进行沤制，以厌氧分解为主，发酵温度低，腐熟时间长，有机质和氮素的损失少，其有机物、全氮、全磷、速效氮的含量均比普通堆肥高。沤制好的沤肥，表面起蜂窝眼，表层水呈红棕色，肥体颜色黑绿，肥质松软，有臭气，不粘锄，放在田里不浑水。

沤肥主要用作基肥和追肥。用作基肥时，分深施和面施两种，每公顷施用量根据作物的种类和土壤肥力确定；作追肥时宜早用，沤制液与水的比例为 1∶（1~2），在作物的行间开沟施用，每亩地的施用量为 1 500 kg。

三、废旧农膜利用技术

塑料是一种高分子材料，散落在土地里会造成永久性污染，随着农用地膜（农膜）用量的增加，残留在土地中的地膜也日益增多，仅北京地区的调查资料显示，土地中的地膜残留量即超过 4 000 t。研究指出，残留的地膜碎片会破坏土壤结构，使农作物产量降低。

（一）废旧农膜能源化技术

废旧农膜能源化技术主要是通过高温催化裂解，把废旧农膜转化为低分子量的聚合单体如柴油、汽油、燃料气、石蜡等。该法不仅可以处理收集的废旧农膜，而且可以获得一定数量的新能源。目前，中国石化集团公司组织开发的废旧塑料回收再生利用技术已通过鉴定，这项技术可把废旧农膜、棚膜再生为油品、石蜡、建筑材料等，既解决了环境保护问题，又提高了可再生资源的利用率和经济效益。在连续生产的情况下，把废旧农膜经催化裂解制成燃料的技术设备日处理废旧农膜能力强，出油率可达40%~80%，汽油、柴油转化率高，符合车用燃油的标准和环境排放标准。

另一种废旧农膜能源化技术是利用其燃烧产生的热能。这方面的技术研究主要集中在废旧农膜早期处理设备、后期焚烧设备和热能转化利用设备等方面。焚烧省去了繁杂的前期分离工作，然而，由于设备投资高、成本高、易造成大气污染，因此，目前该方法仅限于发达国家和我国局部地区。

（二）废旧农膜材料化技术

在我国，废旧农膜回收后主要用于造粒。废旧农膜加工成颗粒后，只是改变了其外观形状，并没有改变其化学特性，依然具有良好的综合材料性能，可满足吹膜、拉丝、拉管、注塑等技术要求，被大量应用于生产塑料制品。我国有许多中小型企业从事废旧农膜的回收造粒，生产出的粒子作为原料供给各塑料制品公司，用来再生产农膜，或用于制造化肥包装袋、垃圾袋、栅栏、树木支撑、盆、桶、垃圾箱、土工材料、农用水管、鞋底等包装薄膜。

废旧农膜回收后还可以生产出一种类似木材的塑料制品。这种塑料制品可像普通木材一样用锯子锯，用钉子钉，用钻头钻，加工成各种用品。据测算，这种再生木材的使用寿命在 50 年以上，可以取代化学处理的木材。这种木材不怕潮、耐腐蚀，特别适合于有流水、潮湿和有腐蚀性介质的地方（如公园长椅、船坞组件等）代替木材制品。此外，废旧农膜回收加工后还可以用作混凝土原料的土木材料等。

废旧农膜回收、加工利用可以变废为宝、化害为利，达到消除污染、净化田间的目的。废旧农膜回收、加工利用是地膜新技术带来的新产业，原料充足，产品销路广，经济效益高，具有较为广阔的发展前景。

第五节　废弃物资源化利用模式实例

一、吉林省畜禽粪污资源化利用模式

（一）畜禽粪污资源化利用参考技术模式

1. 简易膜覆盖发酵技术

四平市伊通满族自治县三道乡城子村采取简易膜覆盖发酵模式，利用畜禽粪便、农业秸秆废弃物，添加腐熟菌剂，在田间地头，采用坑塘、条垛等方式，下铺塑料防渗膜，上覆保温、保湿膜，周边修埂防溢，夏季 1 个月、冬季 2~3 个月即可发酵腐熟，达到无害化后直接还田。该模式可阻隔畜禽粪污臭味扩散，提升温度，缩短堆肥周期，提高对病原微生物及草籽的杀灭率，适用于处理各类型的畜禽粪污。

2. 高温发酵罐处理技术

磐石市众合牧业有限公司采用有机物智能高温好氧发酵罐处理鸡粪，粪污采取日产日清模式，通过小推车直接转运到发酵罐，通过高温发酵形成有机肥料，用于蔬菜、瓜果、药材、花

卉、林木、粮食等农作物及其他种植物。

3. 沼气化利用粪污处理技术

辽源市东丰县永丰鹏程牧业有限公司将沼气罐（池）安置在猪舍下面节省用地，利用生猪日常运动有效解决保温问题，利用猪粪生产沼气，沼气用于日常生活所需和猪舍取暖，沼液、沼渣发酵后贮存 90 天以上，就地就近还田。

4. 燃料化利用粪污处理技术

长春市农安县养殖户将牛粪清理存放在水泥地面上，经过简单晾晒，湿度达到 70% 左右，利用蜂窝煤模具将牛粪制作成蜂窝煤形状的燃料，晾干后集中存放，冬季进行取暖使用。

5. 蚯蚓养殖粪污处理技术

吉林省伯宇现代农业产业有限责任公司利用闲置土地建设蚯蚓养殖床，铺设牛粪养殖蚯蚓，蚯蚓长成后养鸡、喂鱼，生产有机生态产品，蚯蚓粪用来发展棚膜经济、种植瓜果蔬菜，打造有机品牌。

6. 膜覆盖粪污处理技术

长春市双阳区荣丰合作社将畜禽粪污和秸秆按照 1：1~7：3 的比例混合（取决于畜禽粪污含水量及目标碳氮比），在堆肥槽外部覆盖高分子微孔膜，使用风机和管道进行强制通风，使堆体形成"微正压"，加快发酵，发酵均匀，不形成厌氧区，生产的有机肥就地近还田利用。

7. 近临界水粪污处理技术

白城市通榆县边昭村采取将畜禽粪污（也可混入粉碎后的秸秆）放入高温高压反应釜中的近临界水里煮 8~16 h，干湿分离后，固体制备炭基有机肥，液体制备喷施肥，用于制备土壤改良剂、叶面肥、花卉营养液等。

8. 卧床垫料化粪污处理技术

吉林省牧硕养殖有限公司通过探索，发现牛粪作为牛床垫料既卫生又安全，具有保障奶牛健康、提高奶牛卧床舒适度、减少肢蹄疾病的作用，对奶牛养殖场粪污进行干湿分离，固体粪污高温消菌后作为垫料进行循环利用，既解决了牛床垫料的来源问题，也开拓了牛粪的利用渠道，经济、生态、社会效益显著，一举多得。

9. 无动力粪污离子矿化处理技术

龙井市老头沟村将畜禽粪污倒入无动力粪污离子矿化设备，构建仿真生态空间，产生正负电荷反应形成热解源，将粪污和有机生活垃圾进行热解处理形成水蒸气和炭灰，排放达到国家环保要求。

10. 粪水达标排放模式

养殖场产生的粪水进行"厌氧发酵+好氧处理"等组合工艺进行深度处理，污水达到《畜禽养殖业污染物排放标准》（GB 18596—2001）或地方标准后直接排放。

（二）畜禽粪污资源化利用典型运营模式

1. "退户入区、集中饲养"模式

松原市乾安县以农村人居环境整治为契机，县级负责通电、乡级负责通路、村级负责改水，建设村外养殖集中区，通过政策推动把村内畜禽养殖移到村外固定地点统一养殖，打造"养殖园区"，振兴乡村产业经济。利用养殖园区产生的粪污资源，大力发展瓜果、蔬菜和食用菌产业，打造现代"棚膜园区"，提升农业附加值，构建"家家有畜禽，户户不见畜禽"的农牧循环模式。

2. "市场运营、全民参与"模式

舒兰市石庙晓光农业发展有限公司与全乡96户养牛户签订了粪污收购协议，并按照每头牛30元标准收费，采取有偿服务方式。公司利用先进的生产工艺，将牛粪经过干湿分离后，干牛

粪经过烘干后加工制作燃烧颗粒，以每吨 700 元左右出售给附近的学校、政府和锅炉房。污水与秸秆混合堆沤发酵进行有机种植和改良白浆土地。

3. "政府主导、社会化保障"模式

长春市绿园区政府投资 380 万元，建设了 20 个村屯集中收贮设施（3 个地埋式），为 11 个散养户在自家建立收集设施，确保养殖粪污有处可存；采取政府购买服务形式与吉林省新农科生态农业科技有限公司达成统一转运和集中处理利用协议，将每年290 万元运输处理费和 21.6 万元贮粪池管理费纳入区财政预算，制定了《粪污贮运池管理制度》，建立区镇村三级考核体系，将畜禽粪污资源化利用工作纳入全区绩效考核，政府和企业签订畜禽粪污清运处理委托协议和有机肥产品回购协议，建立了生产运营台账管理制度，确保了收贮运体系长效运行。

4. 东丰县"集中处理+经常性考核+年底奖励"模式

东丰县政府高度重视畜禽粪污资源化利用工作，自筹资金建设粪污收集点 198 个，定期召开粪污治理专题会议，将粪污收集治理纳入政府日常保洁管理考核机制，每个月组织联合检查考核并公布各乡镇实际情况，对考核结果优秀的，每年给予 50 万~100 万元的奖励。有效压实了乡镇政府主体责任，约束了养殖户乱堆乱放和收储点闲置问题。

5. 东辽县白泉镇统一贮存、集中处理模式

辽源市东辽县利用财政资金支持全县 1 400 个畜禽养殖场（户）建设了粪污处理设施 1 668 个，养殖大户基本配套了堆肥间和污水池。白泉镇白泉村建设村集中大型处理点和2 000 m³ 黑膜污水池各 1 个，配套吸污车 2 辆，养殖户自行将干粪运送到处理点，液体由吸污车定期或打电话将村屯养殖户污水抽送到集中污水池。秋收后由村集体负责就近还田，种地前清空

1 次，所有费用由村集体承担。

6. "政府主导、政策保障"模式

榆树市结合高标准农田等项目政策，综合施策，推进畜禽粪肥（有机肥）替代化肥工作。在秸秆粪污堆沤场选址上，综合考虑养殖量、运距、分布等因素，先后在 32 个村建设了 33 个项目，有力推动了有机肥替代化肥。自 2018 年以来，利用中央高标准农田建设和农作物秸秆综合利用试点项目，累计投入4 985 万元，统筹用于畜禽粪污资源化利用相关工作。

7. "村委会主导+农户无偿使用"模式

吉林省宏源牧业有限公司在鸡舍铺设 20 cm 谷壳，鸡粪直接排到垫料上，垫料、鸡粪混合物加快发酵，消臭除味，达到还田标准。蛋鸡出栏后，将垫料和鸡粪发酵好的粪肥堆积于贮粪场，由当地村委会安排农户轮流还田利用。

8. "企业主体+农户自主"模式

双辽市智联农业科技有限公司在村屯周边建设大型发酵场，周边村屯养殖场（户）可以随时将自家畜禽粪污运输到发酵场，还田季节也可以随时将发酵好的粪肥拉走还田，有效促进了养殖场（户）处理粪污的积极性。

9. "政企合作+集中处理"模式

长春市双阳区政府采取政策补贴形式支持企业自筹建设畜禽粪污集中处理场，引导养殖场户自行或委托第三方将粪污运输到集中处理场进行免费处理，生产的粪肥由企业自行处理。

10. "研农合作+以肥抵债"模式

公主岭市岭艳养殖场与中国科学院东北地理与农业生态研究所合作利用畜禽粪污超高温实时发酵技术处理畜禽粪污，养殖场出资购买相关设备，中国科学院东北地理与农业生态研究所提供技术支持并回收部分终端产品，产生效益以抵设备费用。

（资料来源：《吉林省人民政府办公厅关于印发吉林省全域统筹推进畜禽粪污资源化利用实施方案的通知》）

二、海伦秸秆综合利用增效益保蓝天

在黑龙江省海伦市海北镇的黑龙江万佳新能源科技有限公司，刚刚投入使用的宽敞明亮的 5 000 m² 钢结构原料库格外引人注目。作为海伦市推行秸秆燃料化示范项目，该项目总投资 3 000 万元，占地面积 3 万 m²，共有生产线 10 条，年可生产生物质燃料 4 万 t，于 2017 年建设并投入生产，年可利用秸秆 8 万 t。

海伦市把推进秸秆综合利用作为杜绝露天焚烧、保护黑土地、改善农业生态环境的重要举措。2018 年，全市可收集秸秆 191.6 万 t，计划利用 155 万 t，综合利用率达到 80% 以上。

"出地难"是秸秆利用最常碰到的瓶颈，为了解决这一难题，海伦市在收集、贮存、加工"三个环节"聚焦发力。收集环节，通过宣传、引导农民认识到秸秆也是重要的农业资源，动员广大农民、种植大户、新型经营主体把秸秆收集作为农业生产的重要环节，及时打包出地。截至目前，海伦市共购置秸秆打包机 742 台，组建秸秆打包合作社 194 个，基本满足秸秆离田需求。贮存环节，海伦已在秸秆压块厂周边 500 m 半径内远离村屯位置建设贮存场 116 个，确保秸秆打包离田后有存放场地，能够及时通风、降低水分，避免霉烂。加工环节，通过科学规划秸秆燃料压块厂布局，认真选择经营主体，推动压块厂、打包合作社、贮存场建立利益联结机制，海伦市压块厂已发展到 42 家，年生产能力 35 万 t。

在解决秸秆"出口"问题上，海伦市通过秸秆燃料化、肥料化、饲料化、基料化、原料化等利用模式，建立秸秆收贮运体系，使小秸秆真正实现"商品化""资源化"。推进燃料化利用，通过农户直燃、建设压块厂及热电联产项目，海伦燃料化利用秸秆总量可达到 84 万 t。

新上投资 2.68 亿元、装机容量 30 MW 的生物质热电联产项目即将投入运营；新规划建设的 2 个 40 MW 热电联产项目，选址已完成，正在进行招投标。与此同时，海伦市将推广使用户用小型生物质锅炉 1 万台，为生物质燃料寻求出口。推进肥料化利用，海伦市落实机车和液压翻转犁 291 台（套），通过推广秸秆翻埋还田、碎混还田和免耕覆盖还田技术，直接还田 55 万亩。依托合作社、种植大户等规模经营主体，推广沤肥技术，沤肥还田 3 万亩。肥料化利用秸秆总量可达到 49 万 t。推进饲料化利用，利用秸秆资源优势，大力发展节粮型草食畜牧业。通过推广秸秆青黄贮饲料技术，饲料化利用秸秆可达到 24 万 t。在基料化方面，黑龙江黑臻生物科技有限公司食用菌菌包生产可消耗秸秆 3 000 t。

在强化推进秸秆资源化利用过程中，海伦市政府通过政策扶持，大力发挥"三个作用"。一是发挥职能部门服务作用，在项目备案、规划选址、用地审批、环评批复等手续办理方面，给予全程指导、快速办结，涉及地方行政事业性收费全部减免，上级收费按最低标准执行。二是发挥财政资金撬动作用，共投入 1.6亿元用于秸秆综合利用，给予经营主体还田离田机具补贴 7 200 万元，给予还田作业补贴 3 660 万元，给予压块厂建设补贴 3 961 万元，给予户用小型生物质锅炉安装补贴 1 200 万元。三是发挥社会资本主力军作用，坚持市场化运作，充分调动种植大户、新型经营主体、工商资本参与秸秆综合利用积极性，共投入资金 3.68 亿元，确保建成的秸秆燃料企业能够长久运营，增加效益，实现多方共赢。

与此同时，海伦市还将秸秆产业与脱贫攻坚相结合，每个秸秆打包合作社带动 30 户贫困户，每户入股 500 元，自 2018 年至 2020 年，每年给每贫困户分红 1 000 元。将秸秆产业与黑土地保护相结合。2018 年，海伦市被农业农村部确定为黑土地保护与利用整建制推进试点县，项目批复后，通过精心组织，迅速推进，落实秸秆还田面积 27 万亩。

（资料来源：黑龙江日报，2018 年 12 月 3 日）

三、畜禽粪污还田利用优秀案例

（一）上海市松江区：家庭农场种养结合

上海市松江区自 2008 年起，发展种养结合家庭农场，农民养猪产生的粪尿发酵后就近还田，形成种养结合的农业生态循环模式。累计建成 91 家种养结合家庭农场，覆盖松江区主要农业生产地区，年生猪生产能力可达 13 万头，占全区生猪上市总量的 90% 左右。

每个种养结合家庭农场设计规模存栏生猪 500 头，配套 150 亩左右的农田，主要用于种植水稻。养殖粪尿收集采取水泡粪工艺，粪尿通过漏粪地板和粪沟全量收集到暂存池中，每隔 3～5 天用泥浆泵抽到田间贮存池内，田间贮存池底部铺有黑色的橡胶防渗薄膜，阻断了粪尿液向地下渗透，粪尿经自然氧化发酵腐熟后，根据农事季节作为基肥全量还田利用。粪肥以家庭农场自用为主，通过泥浆泵和软管施入农田。

自 2008 年起，松江区财政对农场粪尿还田实施补贴，按出栏生猪头数每头补贴 10 元。种养结合家庭农场兼顾种养两业，拓宽增收渠道，2018 年家庭农场户均收益达 26 万元。

（二）广西玉林市福绵区：截污建池，收运还田

广西玉林市福绵区生猪规模化率 55%，但规模以下养殖场户

数占总户数的 94%，养殖污染治理难度大。为了切实解决"小散养"生猪生产与环境保护问题，福绵区采用"截污建池，收运还田"模式，构建起种养结合农牧循环的良好机制。

"截污建池"，指要求存栏 10 头以上生猪的小散养殖户彻底封堵粪污沼液直排口。按照不低于 0.2 m³/头的标准建沼气池、不低于 0.5 m³/头的标准建贮粪池，粪污防渗防漏全收集，就地腐熟发酵。"收运还田"，指支持合作社或第三方企业开展沼液粪肥收运施用社会化服务，政府购买粪污运输车，市场化主体向种养双方收费，每立方米粪肥收费 45~60 元，扣除人工、运输等成本后，净利润能达到 10~15 元。其优点在于实现低成本治理，为附近农田提供沼液粪肥，催生有机农业。其难点在于需要成熟的沼液粪肥收运还田体系作支撑。

（三）河南康龙实业集团股份有限公司："百亩田，千头猪"

河南康龙实业集团股份有限公司通过实施"百亩田，千头猪"种养结合循环农业发展模式，实现了种养空间结合、规模匹配，促进了养猪、种地、肥田循环发展。

"百亩田，千头猪"种养结合循环农业发展模式即以 100 亩农田为一个生产单元，建设一条年出栏 1 000 头生猪的育肥生产线，产生的粪污发酵腐熟后就近用于配套农田。猪舍为下沉式塑料大棚结构，占地 700 m²，猪舍下挖 1.4 m，冬暖夏凉，四季温差较小，适宜猪群生长；舍内砖混砌池，做防渗处理，铺设水泥漏粪地板，下方为猪粪尿暂存池。暂存池加入 20 cm 高的清水，一方面可以稀释粪污，方便泵出；另一方面可以减少氨气等臭气产生。猪粪尿在暂存池发酵 20~30 天后，用泥浆泵直接泵到田间贮粪池。田间贮粪池同样采用半地下式透明日光温室结构，粪污转入后，加发酵菌后继续腐熟 1 个月。由于猪舍和田间贮粪池均采用阳光棚设计，利于保温，经过 2 个月以上发酵，粪污腐熟效果良好。用肥季节，用污泥泵将粪肥从田间贮粪池通过管网输送至施肥区。

（四）黑龙江将军奶牛养殖合作社：粪污全量收集，机械还田

黑龙江省牡丹市江农垦将军奶牛养殖专业合作社存栏奶牛5 100头，年产生粪污9.3万t，合作社配套种植青贮玉米等饲料作物17 000亩，在合作社内部实现了种养循环发展。

合作社养殖粪污采用全量收集与贮存模式。牛舍内通过刮粪板将粪尿经暗沟排送、机械提升至防渗氧化塘，贮存4~6个月发酵腐熟。合作社还修建了防渗氧化塘21万 m^3。采用机械还田方式施用粪肥，通过大型粪肥抛洒机和抛洒罐车进行还田作业。在粪肥消纳方面，除了牧场自有17 000亩饲料作物用地外，牧场还与毗邻水稻合作社合作，把牧场产生的粪肥用作底肥，将2 000亩梯田打造成农牧结合有机旱稻示范基地。合作社还选择性休耕800亩饲料用地，通过施用粪肥来培肥地力，并与相邻沼气站形成合作关系，将部分粪污输送至沼气站，经处理后达到还田标准。与传统粪污处理技术相比，粪污全量收集与贮存还田模式可以减少粪污收集与处理过程中氨气等排放，还能提高粪肥养分利用率，有利于提升土壤肥力。

（五）江苏申牛牧业有限公司：奶牛粪污全量收集，分类利用

江苏申牛牧业有限公司下辖海丰奶牛场、申丰奶牛场2个现代化奶牛场，存栏优质奶牛2.4万头，配套土地2.8万亩，多数粪污通过沼气工程发酵处理，沼气用于发电，沼渣用作垫料，沼液用于还田，保证了奶牛优质饲草和垫料的稳定供应。

牛舍采用机械清粪工艺，牛粪尿通过刮粪板刮进粪道，然后进入收集池。海丰奶牛场的牛粪尿全部进入沼气厂，申丰奶牛场的牛粪尿固液分离后，液体部分进入沼气厂，沼气发酵产物固液

分离，沼渣经烘干后作为牛床垫料，每年可供应 4.4 万 t 优质垫料，相比木屑垫料，每年可节约成本 800 万多元，多余沼渣销售给有机肥厂作为生产有机肥的原料。沼液经氧化塘贮存，完全腐熟杀灭其中的病原微生物和寄生虫卵后，用于周围配套的 2.8 万亩青贮饲料农田，也可改良当地盐碱土地。沼气工程为第三方协作单位运行，毗邻奶牛场。每天产沼气 2 万 m^3，每天发电 4 万 kWh，销售收入 0.63 元/kWh，发电机组每年运行 330 天，年销售收入 890 万元。

（六）江西莲花县：联合社"全量收集、厌氧发酵、沼渣沼液还田"

江西省萍乡市莲花县宜莲生猪养殖专业合作社共有生猪养殖基地 55 个，栏舍 88 栋，年出栏育肥猪 12 万头。所有猪舍建成全封闭、四季恒温、全漏粪板的标准化猪舍；建设了 4.2 万 m^3 的沼气池，年发电量可达 486 万 kWh，年产沼肥 12 万 t。

粪污收集环节，采取尿泡粪模式，特点是粪尿从养殖圈舍漏缝地板进入地下收集池，池深 0.8 m，粪污存储量达到 0.6 m 后，每天自动从地下收集池流出到舍外暂存池，每批育肥猪出栏后清理地下收集池。粪污处理采用黑膜沼气技术，产生的沼气发电，沼渣沼液还田利用。沼液采用罐车输送，罐车输送至田间地头后采取浇灌方式还田。

宜莲生猪养殖专业合作社与该县一家水稻种植专业合作社组成联合社，基本实现了沼肥全部还田利用。其中，联合社自有土地 2 000 亩种植速生泡桐，360 亩种植水稻；签订沼肥供销合同的种植企业有 10 余家，主要种植林果、蔬菜、水稻、荷花等，种植面积 6 000 余亩。

（七）辽宁千山区："全量收集-发酵存储-还田利用"

辽宁省鞍山市千山区果园养殖农场养殖场占地面积 20 亩，

生猪存栏规模 2 500 头，其中母猪 300 头，育肥猪 1 200 头，仔猪 1 000 头；年出栏生猪 7 200 头，其中育肥猪 3 600 头，仔猪 3 600 头。年产粪污 4 000 m³，经稳定贮存后转化为粪肥，自有 100 亩果园年消纳粪肥 1 200 m³，自有 300 亩玉米种植基地年消纳粪肥 1 000 m³；除此之外，向周边长期合作种植企业销售粪肥 1 800 m³，用于 2 000 亩经济作物种植。

粪污收集环节，采取尿泡粪模式，其特点是粪尿从养殖圈舍漏缝地板进入地下收集池，池深 1 m，每批育肥猪出栏后清理收集池。粪污存储采取舍内存储与舍外存储相结合方式，生猪出栏后粪污从舍内收集池通过地下管道输送至舍外贮存池，粪污在舍内存储时间 3~4 个月，舍外存储时间 2 个月。粪肥采取运输车方式还田，运输距离 300~400 m，采用自制三轮运输车，不仅投资与运行成本低廉，还可避免对作物的损坏。

（八）内蒙古正缘农牧业有限公司：养殖粪污全量还田

内蒙古正缘农牧业有限公司业务涉及生猪养殖和种植两大领域。现有 1 座 5 000 头种猪场、8 座 8 800 头育肥场、1 座 200 头公猪站，年出栏育肥猪 15 万头，年产粪污 24 万 m³。建有 4 万亩农业种植园区，包括大田青储、大棚蔬菜等，合计 2.5 万余亩。

粪污收集环节，采用尿泡粪工艺，猪舍为全漏缝板地面，下方建有 1.8~2.8 m 防渗漏贮粪池，粪尿全部从地缝板进入地下储粪池，饲养过程中猪舍内不冲水不消毒，从源头减少了污水的产生。粪污存储环节，采用自然存放工艺贮存半年以上；养殖舍内采取上部送风、下部抽风的立体通风方式，避免地下贮粪池臭气进入舍内。粪污清理环节，养殖舍内的育肥猪出栏后进行清理，贮粪池内的粪尿通过地下管道输送至粪污处理车间。粪污处理环节，粪污到达处理车间后，经固液分离去除少量杂质，所得液体粪肥经管道输送至暂存池。粪污利用罐式施肥车，施肥期全部采用机械化操作，液体粪肥通过罐车运输至农田，进行机械施肥，少量固体粪肥经堆肥发酵腐熟后还田利用。

（九）山东银香伟业集团有限公司：液肥全还田，粪渣肥料化、垫料化利用

山东银香伟业集团有限公司建有3处标准化奶牛养殖场，存栏奶牛2万余头，自有及合作种植基地面积5万余亩，企业按照液肥全还田，粪渣肥料化、垫料化利用的模式，打造农牧结合内部循环体系。

粪污收集方面，每栋牛舍都安装了自动刮粪板，并配有智能操控系统，可定时清理牛舍。每栋牛舍末端配有抽泵，可以通过输送管道将牛粪尿抽送到综合废弃物处理池。粪污在输送到位后，会依次进入预存储池、搅拌池、格栅池和料液暂存池，最后进入固液分离设备进行处理。固液分离后的液体全部进入沼气工程。固液分离后的固形物一部分通过牛卧床发酵一体机制成卧床垫料，经过24 h高温发酵后产出的固体含水量约60%，可用于奶牛的卧床垫料；另一部分经高效翻抛系统进行无害化处理，再通过强制通风发酵系统进行发酵制成有机肥，改良公司自有土地。粪肥还田方式方面，固体有机肥通过撒料车撒到田间，液体肥水通过水肥一体化喷灌系统输送到基地。

（十）山西临猗县：规模养殖场种养结合、全量还田

山西省运城市临猗县丰淋牧业有限公司采用种养结合、全量还田的技术模式和运行机制，实现了种植业化肥减量、增产增收。目前，采用该模式的规模养殖场共有199家，施肥果林面积约35.2万亩。

采用尿泡粪和水冲粪两种模式。尿泡粪模式中，粪尿在养殖圈舍内经漏缝地板进入下方收集池，贮存3～4个月，每批育肥

猪出栏后将收集池中粪污转至贮存池，在贮存池中自然贮存 2~3 个月后，总贮存时间达到 6 个月以上，通过管道输送与灌溉水按照 1：10 的比例混合后施用于农田。水冲粪模式中，养殖粪尿随冲舍水从养殖圈舍进入地下管道后流入舍外收集池，加入复合微生物菌剂发酵 6~7 天后，用加压泵输送至贮存池贮存 3~4 个月，过程中添加硫酸亚铁，起到促进粪污发泡、除味等作用，还田时与灌溉水的混合比例为 1：2。养猪场将粪肥无偿转交给第三方。种植户需要用肥时向第三方购买粪肥，第三方将粪肥直接通过管道输送至种植户农田中，每小时收费 100 元。

（资料来源：农业农村部办公厅、生态环境部办公厅《关于促进畜禽粪污还田利用依法加强养殖污染治理的指导意见》）

参考文献

曹敏建，2013. 耕作学 ［M］. 2 版 . 北京：中国农业出版社.

陈义，沈志河，白婧婧，2019. 现代生态农业绿色种养实用技术 ［M］. 北京：中国农业科学技术出版社.

李吉进，张一帆，孙钦平，2022. 农业资源再生利用与生态循环农业绿色发展 ［M］. 北京：化学工业出版社.

李素霞，刘双，王书秀，2017. 畜禽养殖及粪污资源化利用技术 ［M］. 石家庄：河北科学技术出版社.

王璞，2004. 农作物概论 ［M］. 北京：中国农业大学出版社.

张佰顺，2009. 林下经济植物栽培技术 ［M］. 北京：中国林业出版社.

张一帆，2009. 循环农业 ［M］. 北京：中国农业出版社.

朱奇，2011. 高效健康养羊关键技术 ［M］. 北京：化学工业出版社.